Katrin Burkhardt (Hrsg.)

Die Jägerin

Was Frauen an der Jagd fasziniert

Impressum

Einbandgestaltung: Luis dos Santos

Titelbild: Christine Steimer

Bildnachweis: Alle Bilder stammen von der Herausgeberin, wenn nicht anders gekennzeichnet.

Alle Angaben in diesem Buch wurden nach bestem Wissen und Gewissen gemacht. Für einen eventuellen Missbrauch der Informationen in diesem Buch können weder die Herausgeberin, die Autorinnen noch der Verlag oder die Vertreiber des Buches zur Verantwortung gezogen werden. Eine Haftung für Personen-, Sach- und Vermögensschäden ist ausgeschlossen.

ISBN 978-3-275-01869-7

Copyright © 2012 by Müller Rüschlikon Verlag
Postfach 103743, 70032 Stuttgart
Ein Unternehmen der Paul Pietsch Verlage GmbH & Co. KG
Lizenznehmer der Bucheli Verlags AG, Baarerstr. 43, CH-6304 Zug

1. Auflage 2012

Sie finden uns im Internet unter www.mueller-rueschlikon-verlag.de.

Lektorat: Andreas David
Innengestaltung: Die Text- & Bildmanufaktur, www.tubm.de
Druck und Bindung: Stürtz GmbH, D-97080 Würzburg
Printed in Germany

Für Fiete und Fritz

Mein Dank gilt ...
... allen Jägerinnen, die sich an diesem Buch beteiligt haben. Ohne sie wäre es nicht
  zustande gekommen.
... meinem Lektor Andreas David und Claudia König vom Verlag Müller Rüschlikon
  für die gute Betreuung.
... meinem Mann Peter für seine großartige Unterstützung.
... meiner Freundin Christina für ihre Hilfe bei der Recherche zum Thema „Frauen in
  der Geschichte der Jagd".

Mein erstes Buch möchte ich zwei ganz wichtigen Menschen in meinem Leben widmen:
Zum einen meinem Großvater Friedrich-Wilhelm (Fiete). Er hat mir viele Erlebnisse aus
seinen 98 Lebensjahren erzählt. Dazu gehörten unter anderem auch die Geschichten
über die Jagdausflüge mit meinem Urgroßvater.

Zum anderen gilt die Widmung meinem Vater Fritz, der mir in seiner ihm eigenen Art
das Jagen und den Respekt vor dem Wild beigebracht hat. Ich habe sehr viel von ihm
gelernt und uns verbinden unter anderem diverse unvergessene Jagderlebnisse.

Inhalt

4

Vorwort

Die Jagd begleitet mich schon mein ganzes Leben. Sowohl in meiner Kindheit (mein Vater war Förster) als auch in unserer heutigen Familie war und ist die Jagd ein erheblicher Bestandteil des Alltags. Dabei spielt das intensive Naturerleben eine wichtige Rolle. In der Art und Weise, wie wir jagen, gibt es allerdings erhebliche Unterschiede. Meine „Familien-Männer" gehen gern zu Drückjagden, ich bin eher für die Ansitzjagd. Sie bringen häufiger ein Stück mit nach Hause, während ich immer mal wieder den Finger gerade lasse, weil für mich die Situation aus verschiedenen Gründen nicht „schussgerecht" war. Wir respektieren die Eigenarten des anderen und finden diese „Diskrepanz" spannend. Sie bringt immer wieder interessante Diskussionen mit sich und wir lernen voneinander.

Mein Mann und ich beschäftigen uns auch beruflich mit dem Thema Jagd. Wir interessieren uns zudem für jagdliche Publikationen. Dabei vermissten wir bisher ein Buch zum Thema „Frauen und Jagd". Die wenigen Bücher, die von jagenden Frauen geschrieben worden sind, handeln in der Regel von jagdlichen Erlebnissen. Es gibt bisher kein Buch, das von Jägerinnen für Jägerinnen geschrieben worden ist. Daher entwickelten wir die Idee, ein solches Buch zu schreiben. Zunächst überlegten wir, wie viele Frauen in unserem Freundeskreis jagen: es waren so einige. Dann startete ich in diesem Kreis eine Mini-Umfrage zu der Buchidee – die Resonanz war durchweg positiv. Mit dem Verlag Müller Rüschlikon war ein Partner gefunden – und los ging es.

Bei der Recherche, den Interviews und Portraits bin ich auf viele interessante, passionierte Jägerinnen gestoßen. Ihre Ansichten über die Jagd gleichen sich in manchen Punkten, in anderen sind sie wieder ganz verschieden – so, wie die Jagd selber ist. Mir war es wichtig, aktiv jagende Frauen und ihr Verhältnis zur Jagd anhand ihrer persönlichen Geschichten darzustellen.

Obwohl der Titel des Buches „Die Jägerin" lautet, wendet es sich natürlich auch an jagende Männer, denn wir haben doch alle das gleiche Ziel: entspannt zu jagen, die Natur zu genießen, uns am Anblick „unseres" Wildes zu erfreuen und von einander zu lernen. Ich würde mich freuen, wenn sich auch angehende Jungjägerinnen durch das Buch bestärkt fühlen, den Jagdschein zu machen. Denn Jagd ist pures Naturerleben – ein Geschenk, das man genießen sollte.

In diesem Sinne wünsche ich allen eine unterhaltsame und interessante Lektüre.

Katrin Burkhardt,
Rucksmoor, im August 2012

6

„Jagd ist pures Naturerleben
– so ein Geschenk sollte man genießen."
Katrin Burkhardt

7

Von Göttinnen, edlen Damen und gekrönten Häuptern

Auf Spurensuche von Frauen in der Geschichte der Jagd

Es gibt wenig Literatur über die Rolle der Frau in der Geschichte der Jagd. Über die Gründe, woran das liegt, kann ich nur mutmaßen. Zum einen liegt das wahrscheinlich an der untergeordneten Rolle der Frauen in den vergangenen Jahrhunderten. Frauen selber war es, bis auf ganz wenige Ausnahmen, nicht erlaubt, Lesen und Schreiben zu lernen. Sie hatten also gar keine Möglichkeit, Geschehnisse festzuhalten. Die männlichen Geschichtsschreiber richteten ihr Augenmerk verstärkt auf die für sie wichtigen Männer der Zeit. Ein Grund dafür mag gewesen sein, dass so mancher Chronist von der Zufriedenheit seines Auftraggebers abhängig war. Wurde der Fürst, König oder sonst ein hochgestellter Adelsmann nicht ausreichend heldenhaft dargestellt, gab es keinen Lohn oder es drohte noch Schlimmeres wie Kerker – so einfach war das. Die Authentizität mancher Geschichtsquellen hat darunter sicherlich gelitten.

Zum anderen sind die frühen spärlichen Quellen teilweise schwer zu deuten, so dass sich das Bild der jagenden Frau erst frühestens seit dem Mittelalter detaillierter beschreiben lässt. Mir hat unter anderem das Buch „Die Geschichte der Jagd. Kultur, Gesellschaft und Jagd-

wesen im Wandel der Zeit" von Werner Rösener, Professor für Geschichte an der Universität Gießen, bei der Recherche geholfen. Rösener widmet sich als einer der wenigen Autoren ausführlicher dem Thema „Frauen und Jagd". Der hier folgende Text ist eine Zusammenfassung meiner eigenen Recherche über Frauen in der Geschichte der Jagd.

Männer waren entbehrlich

Begeben wir uns zunächst zu den frühen Anfängen der Menschheit. Bekanntlich gab es zwei Kategorien der Menschen: Jäger und Sammler. Zu den Jägern gehörten ausschließlich Männer. Die Jagd war extrem gefährlich, da zu den Beutetieren äußerst wehrhaftes Wild wie Mammuts, Löwen, Leoparden, Wildbüffel und Flusspferde gehörten. Für deren Erlegung stand den Männern nur eine primitive Ausrüstung zur Verfügung. Sie mussten mit ihren Speeren, Äxten und selbst später mit Pfeil und Bogen sehr nah an das Wild heran. Ein verletztes Mammut war mit Sicherheit mehr als schlecht gelaunt und setzte sich entsprechend zur Wehr. Den Urzeitmännern blieb aber keine Wahl, sie brauchten das Tier zum Überleben. Das Fleisch wurde als Nahrung, das Fell zum Wärmen und die Knochen für Werkzeuge benötigt. Also mussten sie das Tier töten, egal wie – und wenn es manchen Jäger das eigene Leben kostete.

Die Frauen gehörten zu den Sammlern. Sie kümmerten sich in erster Linie um Höhle, Feuer und Kinder. Vor allem aber waren sie für den Erhalt der Sippe zuständig, denn ohne gebärfähige Frauen gab es keinen Nachwuchs und die Sippe starb aus. Männer waren für die Zeugung natürlich auch wichtig, aber der Platz eines Mannes konnte jederzeit durch einen anderen ersetzt werden. Daher war es naheliegend, dass die Frauen in der Höhle blieben und die gefährliche Jagd den Männern überlassen wurde. Die Steinzeitfrauen waren auch für die Fleischverwertung und das Verarbeiten der Felle zuständig. Wissenschaftler gehen sogar davon aus,

dass sich bereits zu dieser Zeit Frauen bei der Netzjagd auf kleinere Tiere wie Treiber beteiligten (s. Artikel „Der verzichtbare Mann" in der Zeitschrift „Der Spiegel", Ausgabe 15/1998).

Über die Jagd bei unseren Urahnen schreibt auch Ilka Dorn in ihrem Artikel „Dich hätte ich gehabt" in der Zeitschrift „HALALI" (Ausgabe 03/2012, S. 44 ff): „.... *Während die Männer auf der Jagd gezwungen waren, Wagnisse und Risiken einzugehen, waren die Frauen für die Erhaltung der Art zuständig und mussten Gefahren vermeiden. Fand ein Jäger durch den Hauer einer prähistorischen Riesensau ein jähes Ende, sprang ein anderer für ihn ein und schenkte der zurückgelassenen Höhlenwitwe im Handumdrehen neues Mutterglück. Starben ... Frauen, sank die Geburtenrate sofort bedrohlich. Männer waren also ersetzbar ..., Frauen jedoch unersetzlich und deswegen behütet ..."*

Artemis wird zu Diana

Wenn wir uns in der Geschichte weiterbewegen, kommen wir in die Zeit der Götter. Sie beeinflussten das Denken und Handeln der Menschen in hohem Maße. Für fast jede Tätigkeit oder jeden Lebensbereich gab es mindestens eine Gottesfigur, so auch für die Jagd. Im dritten Jahrtausend vor Christi wurde im alten Ägypten zum Beispiel „Sechmet" verehrt, die Herrin der Jagd. In Syrien hieß die Jagdgöttin „Ischtar" (870 v. Chr.).

Die bekannteste Göttin kam aber aus Griechenland: „Artemis", die Herrin der Tierwelt, die zu den zwölf Hauptgottheiten gehörte. Sie wird als Göttin der

Göttin der Jagd: Diana mit Pfeil und Bogen auf einem römischen Mosaik aus dem zweiten Jahrhundert.

Hirschjagd mit Pfeil, Hund und Bogen: Eine der wenigen frühen Abbildungen von jagenden Frauen sind im „Queen Mary's Psalter", der circa um 1300 entstanden ist, zu sehen.

Natur und als gewaltige Jägerin beschrieben. Wesentlich später wurde „Artemis" von der römischen Mythologie übernommen und sie bekam einen neuen Namen: „Diana". Auch heute noch wird „Diana" als Jagdgöttin verehrt. Vielleicht nicht ganz so leidenschaftlich wie damals, aber nicht selten hört man nach einer glücklichen Erlegung von Jägern den Ausspruch: „Diana sei Dank" oder „Diana war mir hold".

Zur römischen Mythologie gehörte auch Königin Dido, die Gründerin Karthagos. Der Dichter Vergil (70 bis 19 v. Chr.) beschrieb in seinem Hauptwerk, der Aeneis, umfassend einen Jagdausflug der Königin. Demnach war Dido tatsächlich selber Jägerin war.

Eine interessante Entdeckung machten Wissenschaftler in Frauengräbern um das vierte Jahrhundert nach Christi: Sie fanden Hunderte von Greifvögel als Grabbeigabe. Sie folgerten daraus, dass die Beizjagd nicht nur Männern vorbe-

halten war. Das unterstreicht auch der Hinweis in Werner Röseners eingangs erwähnten Buchs: Im Jahr 798 n. Chr. wurde ein Verbot für das Halten von Beizvögeln wie Falken und Habichten erlassen, das auch Äbtissinnen betraf. Es ist anzunehmen, dass folglich die Nonnen in den Klöstern ebenfalls die Beizjagd ausgeübt haben. Ungefähr zur selben Zeit, im Jahr 799, sollen bei den Jagden Karls des Großen, neben seiner Gemahlin Luitgard, häufig sechs seiner Töchter im Gefolge dabei gewesen sein. Es ist allerdings nicht bekannt, ob die Frauen nur Begleiterinnen oder auch selbst an der Jagd beteiligt waren.

Jagdunfälle waren nicht selten

Die Beizjagd gehört also zu den frühesten Formen der Gesellschaftsjagd. Sie wurde fast auschließlich vom Adel ausgeübt. Dieser konnte sich die kostenintensive Anschaffung der Greifvögel leisten. Auch für die Unterbringung, Pflege und Ausbildung musste entspre-

Eine adelige Dame mit Hund und Netz bei der Kaninchenjagd: Diese Zeichnung stammt aus dem Stundenbuch „Taymouth Hours", das um 1330 angefertigt wurde.

chendes Personal zur Verfügung stehen. Die Beizjagd war vor allem zur Unterhaltung der vornehmen Gesellschaft gedacht. Der Ablauf der Jagden war immer gleich: Die prunkvolle Gesellschaft ritt in großer Zahl aus, Knechte stöberten mögliche Beutetiere auf, die prächtig gekleideten Damen und Herren hielten ihre Beizvögel parat. War ein Beutetier erspäht, wurden die Vögel in den Himmel geworfen. Danach hofften die Teilnehmer auf einen möglichst spektakulären Kampf zwischen Greifvogel und Beute. Zu Letzterer gehörten übrigens Reiher, Kraniche, Stare, Schwäne, Trappen, Fasane, Brachvögel, Kiebitze, Lerchen, wilde Hühner, Tauben, Gänse und Enten. Sobald der Vogel seine Beute geschlagen hatte und damit landen wollte, ging es in vollem Galopp hinterher. Naturgemäß blickten die Reiter dabei himmelwärts, anstatt auf das Gelände zu achten. Maria von Burgund, die erste Gemahlin von Kaiser Maximilian I., stürzte bei einer solchen Jagd auf Reiher tödlich – genauso wie

seine zweite Frau, Bianca Maria Sforza. Solche Unfälle und andere Verletzungen waren keine Seltenheit. Die Jagd war nicht nur zur Zeit der Höhlenbewohner gefährlich.

Was hat die Edelfrauen motiviert, sich solchen Risiken auszusetzen? Den Männern diente die Jagd als Zeitvertreib, zur Kampferprobung und Betonung der eigenen Herrlichkeit. Nicht umsonst hielt der Adel über Jahrhunderte an seinen exklusiven Jagdrechten fest. Ein 1682 verfasstes Werk rühmt die Jagd als *„eine Gemütserquickung, eine Schwermutsvertreibung, eine Feindin des Müßiggangs und aller daraus entspringenden Laster, eine Ernährerin der Gesundheit, Übung des Leibs, Vorspiel und Spiegel des Krieges und eine gute und reiche Küchenmeisterin, die unsere Tafeln mit herrlichen Speisen versorgt."*

Im Gegensatz zu den Jagden waren Frauen bei bei den Ritterturnieren des Mittelalters allein auf die Zuschauer-

Der Maler Pieter Codde hielt auf seinem Gemälde aus dem 17. Jahrhundert eine Jagdgesellschaft fest. Das Bild verdeutlicht, dass die Jagd damals nicht nur zum Zweck der Erlegung des Wildes abgehalten wurde, sondern durchaus auch, um erotische Kontakte zu pflegen.

rolle beschränkt. Sie munterten ihren jeweiligen Favoriten durch Zurufe und kleine Geschenke auf. Die Turniere dienten unter anderem der Erprobung der Kampfkunst und Darstellung der Macht – eine rein männliche Angelegenheit.

Die Jagd dagegen brachte auch für die Frauen Sport und Spaß. Sie diente ihnen zur Selbstinszenierung, Standespräsentation – und für amouröse Abenteuer. Obwohl man nie zu zweit allein war, erlaubten die weitläufigen Jagden erotische Kontakte wie sie laut Rösener „... *innerhalb der engen Grenzen von Burg und höfischer Umgebung nicht möglich und aufgrund der Anstandsregeln gerade für junge Frauen auch nicht zuträglich waren.*" Die hohe Gesellschaft nahm es aber mit der Treue nicht so genau, weshalb die Möglichkeit für ein Schäferstündchen in freier Natur gerne genutzt wurde (s. Abb. Seite 12 + 13).

Passion oder Pflichtgefühl?

Neben den schriftlichen Quellen gibt es viele Abbildungen, die adelige Frauen mit Falknerhandschuh und Beizvogel zeigen. Die Frage, ob diese Damen aus Passion oder nur aus gesellschaftlicher Verpflichtung der Jagd nachgingen, kann ich nicht beantworten. Die Geschichtsschreibung ist in diesem Fall weder eindeutig noch ergiebig. Die Jagd war, auch für Frauen, schlicht ein Bestandteil des täglichen Lebens – gewollt oder nicht.

Die Einzel- oder Ansitzjagd, wie wir sie heute kennen, gab es in der Vergangenheit kaum. Wenn es zur Jagd ging, dann meist mit großem Gefolge und in prächtiger Ausstattung. Allein schon für das Aufspüren des Wildes und dessen Transport war Begleitpersonal nötig. Die früheren Gesellschaftsjagden waren im

Grunde nur Schaujagden. Es ging weder um Wildschadenverhütung, noch Verbiss-Schutz oder Wildreduzierung – sie dienten in erster Linie der Freizeitbeschäftigung des Hochadels. Inwiefern die teilnehmenden Frauen dabei tatsächlich aktiv in das Jagdgeschehen eingriffen, ist aus heutiger Sicht schwer zu beurteilen. Manche Quellen sprechen davon, dass Frauen dabei häufig nur „schmückendes Beiwerk" waren. Ein Indiz dafür ist, dass die Damen meist mit Beizvögeln wie Baumfalken oder Merlin jagten – also Greifvögeln, die nur kleine Beutetiere schlagen konnten. Einige Bildquellen zeigen die Damen als unerschrockene Jägerinnen. So zum Beispiel eine Miniatur aus dem Gebet- und Stundenbuch „Taymouth Hours" um 1330: *„Eine Dame auf Eberjagd. Ihr Kleid dünkt uns ein Risiko; doch die Dame ist passioniert und deshalb auch durch einen Rocksaum nicht aufzuhalten – ihr Speer rammt die Wildschweinbrust."*

Hirschjagd mit Pfeil und Bogen

Die angenommene passive Rolle von jagenden Frauen hängt vermutlich generell mit der Stellung der Frau im Hochmittelalter (Mitte des 11. bis Mitte des 13. Jahrhunderts) zusammen. Der Germanist Joachim Bumke (1929 bis 2011) hielt es für wahrscheinlich, dass Frauen auf die Zuschauerrolle beschränkt waren, da ihre Aufgaben in erster Linie im Repräsentieren und *„in der Unterstützung ihres Gemahls bei seiner Entfaltung"* lagen. Ob eine Frau passioniert war oder selber gerne jagen wollte, war nicht von Belang, da sie sich in allem dem Ehemann unterzuordnen hatte.

Heinrich VIII und und seine spätere zweite Ehefrau Anne Boleyn bei der lauschigen Hirschjagd, festgehalten auf einem Gemälde von Joachim von Sandrart aus dem Jahr 1643.

Eine der frühen Dokumentationsquellen für die Rolle der Frau in der Geschichte der Jagd ist der „Queens Mary's Psalter", der um 1300 entstanden ist. Darin sind mehrere Abbildungen von Frauen bei der Reiher- und Entenbeize zu sehen sowie Federzeichnungen von Jägerinnen, die als Bogenschützinnen einen Zehnender erlegen. Im bereits erwähnten Stunden- und Gebetbuch „Taymouth Hours" gibt es ebenfalls verschiedene Zeichnungen von aktiv jagenden Adelsdamen mit Hunden, Pfeil und Bogen sowie bei der Kaninchen-, Hirsch- und Eberjagd (s. Abb. Seite 10 + 11).

Trotz der männlich geprägten Überlieferungen gibt es verschiedene Hinweise auf jagende Frauen im Hoch- und Spätmittelalter. Das Siegel der Gräfin Elisabeth von Flandern (1170 bis 1190) bildete zum Beispiel die Dame mit einem Falken auf ihrer linken Faust ab. Ein anderes Siegel zeigt die reitende Sophia, Landgräfin von Thüringen und Hessen (1224 bis 1275), wie sie einen Falken auf einen Vogel wirft, der von ihrem Hund aufgescheucht wurde. Solche Motive waren im 13. Jahrhundert bei adeligen Frauen aus dem Rheinland sehr beliebt.

Auch Königin Maria von Ungarn (1505 bis 1558), Landgräfin Anna von Hessen (1485 bis 1525) und Markgräfin Anna von Brandenburg (1609 bis 1680) waren nachweislich leidenschaftliche Beizjägerinnen. Eine seltene Ausnahme bildete Mary von Canterbury. Sie war im späten 16. Jahrhundert bei Königin Elisabeth von England als „Chief Falconer" (Oberfalknermeisterin) angestellt – für eine Frau in dieser Zeit eine sehr ungewöhnliche Stellung.

Spaßfaktor Jagd

Die Jagd war schon immer ein königliches Vergnügen und Privileg. So ist es nicht verwunderlich, dass weitere Namen, die ich recherchieren konnte, fast ausschließlich zu gekrönten Häuptern gehörten :
- Königin Isabella von England (1292 bis 1358), Gemahlin Edward II, hielt eine eigene Meute von Jagdhunden.
- Königin Philippa von Hainault (1314 bis 1369), Gemahlin Edward III, renkte sich bei einem Jagdausflug die Schulter aus.
- Königin Anna von Böhmen (1290 bis 1330) führte den Seitsattel ein, um besser auf dem Pferd sitzen zu können.

- Königin Elisabeth I von England (1553 bis 1603) ging bis drei Jahre vor ihrem Tod noch jeden zweiten Tag auf die Jagd.
- Königin Maria Stuart von Schottland (1542 bis 1587) wurde bei einem schweren Jagdunfall fast überritten.

Ein sehr passionierte Jägerin war Gräfin Anna von Katzenelnbogen (1441 bis 1513). Während ihrer ersten Ehejahre mit Graf Philipp von Katzenelnbogen, aber auch nach der Trennung von ihm, ging die Gräfin viel und häufig jagen. Detaillierte Aufzeichnungen von der Rheinfelser Winterjagd zum Jahreswechsel 1457/58 bestätigen dies. Der adeligen Dame wurden nicht nur nachweislich Jagdhunde geschenkt, sondern angeblich sollen ihr im Laufe der Jahre auch zwei Käuze und sogar ein Bär als Geschenke auf ihr Schloss Lichtenberg gebracht worden sein. Sowohl für Gräfin Anna als auch für Graf Philipp gibt es Aufzeichnungen über hohe Ausgaben für das Weidwerk. Über Margarete (1480 bis 1530), Fürstin von Asurien und Tochter Kaiser Maximilians I, ist bekannt, dass sie ihre Jagdleidenschaft mit ihrer Schwiegermutter, Königin Isabella von Kastilien, teilte. Zudem erlegte Margarete mit Vorliebe Hasen, Hirsche und Wildschweine. Sie konnte das Wild sogar ausnehmen und zerlegen.

Die Jagd im 18. Jahrhundert war schon lange keine Vorbereitung mehr auf Turniere und militärischen Kampfeinsatz. Sie wurde aus reinem Zeitvertreib und zur persönlichen Belustigung der Reichen und Mächtigen abgehalten – und das nahezu täglich. Der Höhepunkt der Schau-, Prunk- und Hetzjagden war

Ab dem 16. Jahrhundert entstanden überall luxuriöse Jagdresidenzen gebaut. Das abgebildete Jagdschloss Moritzburg in der Nähe von Dresden ließ August der Starke errichten. Dort befindet sich heute übrigens eine der bedeutendsten Sammlung Europas von Rothirschgeweihen.

im 18. und 19. Jahrhundert erreicht. Dabei stand das größtmögliche Vergnügen beim Töten von Tieren aller Art im Vordergrund. Auf das Leid der Kreaturen wurde keinerlei Rücksicht genommen. Ganz im Gegenteil: Je blutiger das Spektakel, umso zufriedener die Jagdgesellschaft. Heute mag man sich diese Grausamkeiten kaum vorstellen. Zig Tausende Tiere vom Hasen bis zum Wolf wurden im Laufe der Zeit in Areale ohne Fluchtmöglichkeit direkt vor den Jagdschirm der Schützen getrieben und dort regelrecht abgeschlachtet. Die Damen der Hofgesellschaft mischten übrigens stets kräftig mit. Mitleid – Fehlanzeige.

In einem Brief berichtete der Schauspieler August Wilhelm Iffland seinem Vater beispielsweise von einer Jagd im Jahr 1779 am kurpfälzischen Hof. Für das Ereignis wurde eine künstliche Natur- und Jagdkulisse errichtet. Füchse, Wildschweine, Dachse und Hasen wurden aus speziellen Behältnissen entlassen und direkt vor den Jagdschirm der Kur-

fürstin Maria-Leopoldine und ihrer Damen getrieben. Kostenpunkt der Inszenierung: 50.000 Gulden – schon zu damaliger Zeit ein Vermögen.

Aus unserer heutigen Sichtweise sind diese Schau- und Prunkjagden reinste Tierquälerei. Man muss sie allerdings aus dem Verständnis der Zeit sehen. Ein Menschenleben galt schon wenig – das Leben eines Tieres interessierte erst recht niemanden.

Die extrem teuren Jagden konnte sich wie erwähnt nur der Adel leisten. Dazu gehörten natürlich auch die entsprechenden Residenzen. Aus diesem Grund entstanden zu Beginn des 16. Jahrhunderts viele luxuriöse Jagdschlösser, die teilweise bis heute erhalten geblieben sind. Als Beispiel sei der brandenburgische Kurfürst Joachim II (1505 bis 1571) genannt. Er war ein leidenschaftlicher Jäger und ließ gleich mehrere Schlösser bauen, unter anderem das Jagdschloss Grunewald und eines bei Grimnitz in der Schorfheide. Auch seine zweite Gemahlin Hedwig nahm an den Jagdvergnügungen teil. Bei einem Aufenthalt in Grimnitz kam es im Jahr 1551 für die Eheleute zu einem folgenschweren Unfall, der allerdings nicht jagdlich bedingt war: Unter dem Kurfürstenpaar brach der morsche Fußboden weg. Joachim II blieb zwischen den Balken hängen und verletzte sich nicht weiter. Die Kurfürstin stürzte jedoch in die Tiefe, brach sich einen Schenkel und spießte sich an den aufgehängten Geweihen im darunter liegenden Raum auf. Danach konnte sie nur noch an Krücken laufen – tragisch, Jagd vorbei ...

Je näher man im geschichtlichen Rückblick an unsere Zeit herankommt, umso ergiebiger werden die Quellen über jagende Frauen. Die erste Frau, die sich gegen übermäßige Wildschäden einsetzte, hieß übrigens Maria Theresia von Habsburg (1717 bis 1780). Sie erließ 1770 aufgrund der zunehmenden Wildschäden in den Weinbaugebieten ein Verbot, Schwarzwild in freier Wildbahn zu dulden.

Eine der bekanntesten Jägerinnen aus dem 18. Jahrhundert war Elisabeth Augusta von der Pfalz (1721 bis 1795). In ihrem Schloss zu Schwetzingen hing in ihrem Audienzzimmer ein Portrait der Kurfürstin, das sie mit Bogen, Pfeilen, Köcher und ihrem Jagdhund zeigt – gewisse Ähnlichkeiten mit der Jagdgöttin „Diana" waren durchaus beabsichtigt. Elisabeth Augusta sah die Jagd als Selbstverständlichkeit und einem ihrem Rang angemessenen Privileg an. Sie liebte dabei die sportliche Herausforde-

Abbildung: © Frankonia

Die Titelseite des Frankonia-Katalogs aus dem Jahr 1959 ziert eine Jägerin in trauter Jägerrunde. Zu sehen sind gut situierte Menschen, die sich das Hobby „Jagd" leisten konnten.

rung und ihr persönliches Amüsement. Einem Hofbericht zufolge wurden im Jahr 1756 am kurfürstlichen Hof 286 Wildschweine, 40 Füchse sowie sieben Wölfe erlegt – nachdem man sie maskiert auf eine Bühne gescheucht hatte. Kostümiertes oder maskiertes Wild war zu dieser Zeit üblich – auf diese Weise wurde das Vergnügen der Zuschauer verstärkt. Ein Brief der Kurfürstin aus dem November 1788 belegt, dass sie noch im Alter von 67 Jahren *„ein wahres Massaker unter den Hasen veranstaltet und sie noch nie zuvor so viele auf einem Haufen gesehen hätte. Am Ende sei sie des Schießens müde geworden. Aber, wenn ihre Gesundheit* es erlaube, erhoffe sie, noch einige Schnepfen und Rebhühner zu erlegen." Elisabeth Augusta rechtfertigte diese Exzesse mit der gesundheitsfördernden Wirkung des Jagens. Bis zu ihrem Tod hielt sie trotz der selbst zur damaligen Zeit laut gewordenen Kritik an diesen Jagden fest.

Nach der Revolution 1848/49 wurden die jagdlichen Privilegien des Adels weitgehend abgeschafft. Die Jagd sollte jedermann zugänglich sein. Es gab nun für Frauen wenige Möglichkeiten, jagdlich aktiv zu sein. Eine Ausnahme war Elisabeth, Kaiserin von Österreich, besser bekannt als Sisi (1873 bis 1898). Sie wurde auch die „habsburgische Königin der Jagd" genannt. Sisi war mit der Jagd aufgewachsen. Sie war vor allem eine leidenschaftliche Jagdreiterin. Die Kaiserin nahm bevorzugt an Jagden auf Hirsch, Fuchs und Hase teil – wohl auch, um dem sehr strengen österreichischen Hofzeremoniell, unter dem sie litt, zu entkommen.

Jagende Frauen heute

Im 20. Jahrhundert und bis vor einigen Jahrzehnten kamen Jägerinnen in der Öffentlichkeit kaum vor. Das lag vermutlich an dem existierenden Gesellschaftsbild der Frau, das bis in die 70er von „Kinder, Küche und Kirche" geprägt war. In den reichen Familien gehörte die Jagd sicherlich, besonders aus traditionellen Gründen, noch dazu. Dort war dann auch die eine oder andere jagende Frau zu finden (s. Abb. Seite 15). Mittlerweile hat sich das Bild der (jagenden) Frau komplett verändert. Der Anteil der

Jägerinnen steigt von Jahr zu Jahr an. Vor 20 Jahren war nur ein Prozent der Jagdscheininhaber Frauen – derzeit sind es zehn Prozent. In den Jagdscheinkursen liegt der Anteil bereits bei 20 Prozent. Dieser Umstand veranlasste den Deutschen Jagdschutzverband e. V. (DJV) eine bundesweite Umfrage unter angehenden Jägerinnen und Jägern durchzuführen. Von Januar bis Juni 2011 befragte der DJV in Zusammenarbeit mit dem Institut für Rechtspsychologie der Universität Bremen circa 1.500 Kursteilnehmer/innen zur Jagdscheinprüfung. Unter anderem kam dabei heraus:
- Bei der Jagdscheinprüfung liegt das Durchschnittsalter bei Männern und Frauen bei 35 Jahren.
- Mehr als 70 Prozent der Aspiranten leben im ländlichen Raum. Aus den Städten kommen anteilig mehr Frauen.
- 85 Prozent der Befragten gaben an, dass sie gerne in der Natur sind.
- 57 Prozent der Männer führten als Motivation für den Jagdschein an, dass sie gerne Wild essen.
- 62 Prozent der Frauen kommen häufig über die Hundearbeit zur Jagd.

„Gerade junge Frauen zieht es hinaus in die Natur, sie sind längst dabei keine Exotinnen mehr. Mit ihrem fundierten Wissen über Feld, Wald und Wild stellen sie die einstige Männerwelt gehörig auf den Kopf", so DJV-Präsident Hartwig Fischer. Wie die Geschichte der Frau in der Jagd weitergeht, wird sich im Laufe der Zeit zeigen. Man kann zumindest feststellen, dass heute Jägerinnen in den Revieren nicht mehr die Ausnahme, sondern die Regel sind.

Text: Katrin Burkhardt, Fotos: Wikimedia.de, Scans

Wieso wird Frau Jägerin in Deutschland?

Sabine Middelhaufes Interview mit zwei Jägerinnen

Ob jemand nun für oder gegen die Jagd ist oder keine Meinung zum Thema hat, ein allgemeines Bild vom Jäger haben wir alle: grün gekleidet und eher ältlich ist er, dem männlichen Geschlecht gehört er an, tendenziell denken wir ihn uns autoritär und unsentimental und mit deutlicher Neigung zum Einzelgängertum. Sonst würde er ja nicht so viel Zeit allein im Wald verbringen, gell? Ob er seine Ehefrau wirklich down pfeift und seinem Hund bisweilen etwas vom Zielwasser abgibt, wissen wir nicht.

Wie sieht die moderne Jägerin aus?

Die weibliche Vertreterin der Spezies Jäger stand lange im Abseits, denn es gibt sie erst seit einigen Jahren. Wie mag sie sein, die neue deutsche Jägerin? So eine Art formidabler Walküre mit Oberlippenbart? Oder eine ätherische Diana im wallenden Goretex-Gewand? Und wer bereitet bei ihr daheim den Rehrücken zu – der Ehemann?

Spaß beiseite. Immer mehr Frauen entdecken neuerdings die Faszination des Weidhandwerkes, erwerben den Jagdschein, gehen auf die Pirsch, bilden ihren Jagdhund aus. Was bewegt sie dazu? Welche Einstellung haben sie zu Jagd, Hund, Tierschutz?

Jägerinnen stehen Rede und Antwort

Auf den nächsten Seiten lesen Sie die Antworten aus einem Gespräch mit zwei von mehreren Jägerinnen aus verschiedenen deutschen Bundesländern:

Elisabeth Smat:

58 Jahre alt, verheiratet, hat zwei Kinder, drei Enkel und seit 1996 den Jagdschein. Ihr Beruf: Familienmanagerin.

Sabine Hochhäuser:

47 Jahre, Vertriebsbeauftragte bei einem amerikanischen Computer-Hersteller, jetzt ehrenamtlich für die Krambambulli Jagdhundhilfe e.V. tätig und seit 2003 Jägerin.

Wieso sind Sie Jägerin geworden?

Elisabeth: Eigentlich hatte ich nie die Absicht, Jägerin zu werden. Ich komme aus einer Familie, die sehr naturverbunden, aber ohne jede jagdliche Ambition ist. Vor einigen Jahren stellte eine Hundeführerin und Verbandsrichterin für Jagdgebrauchshunde fest, dass mein damaliger Irish Setter Rüde sehr gute jagdliche Anlagen hatte. Sie legte mir nahe, meinen Hund auf einer Anlagenprüfung vorzustellen. Durch einen kleinen Trick konnte ich diese Prüfung selbst durchführen, jedoch waren mir jegliche anderen Prüfungen wegen des Jagd-

scheinzwangs verwehrt. Da gab es nur zwei Möglichkeiten: entweder den Hund zu einem Abrichter zu geben oder selbst den Jagdschein zu machen. Meinen Hund in andere Hände geben? Nein, niemals! Dazu gesellte sich noch ein Erlebnis (ein schwer verletztes Kitz musste getötet werden), das mir die Entscheidung abnahm. Ich wollte unbedingt den Jagdschein machen!

Sabine: Einen Faible für die Natur und die Reiterei sowie die Liebe zu Jagdhunden hatte ich bereits in frühester Jugend. Meine Familie ist ausgesprochen naturverbunden, jedoch geht keiner der

Sabine Hochhäuser mit ihren beiden Hunden: der Weimaraner-Hündin „Afra" (links) und dem Deutsch Kurzhaar-Rüden „Marti".

Elisabeth Smat hat seit 1996 den Jagdschein und fühlt sich als Hegerin.

Jagdausübung nach. Nach meinem aktiven Berufsleben habe ich mich bewusst für einen Jagdhund entschieden. Durch die Arbeit mit und am Jagdhund, lag es nahe, dann den Jagdschein zu machen, zumal auch der Zeitfaktor es jetzt ermöglichte. Eine Entscheidung, die ich bis heute nicht bereut habe. Die komplexen Kenntnisse um das Zusammenspiel und die Abläufe in unserer heimischen Natur machen den Aufenthalt um einiges spannender. Es schärft den Blick fürs Wild, und man weiß um die Zusammenhänge und die Verantwortung, die man als Jäger hat.

Frauen als Jägerinnen sind nach wie vor etwas relativ Neues in deutschen Revieren. Wie reagierten die Herren der Schöpfung als Sie beim Jagdkurs aufgetaucht sind?

Elisabeth: Der Vorbereitungskurs zur Jägerprüfung war stark besetzt. Von 25 Teilnehmern waren fünf Frauen. Es war für den Kursleiter und seine Mitarbeiter weiter nichts Ungewöhnliches, mit Frauen umzugehen.

Sabine: In unseren Kurs gab es keinerlei Probleme.

Gab es bei Gesellschaftsjagden Probleme oder Vorurteile von Seiten der Jäger?

Elisabeth: Bei meiner ersten Gesellschaftsjagd glaubte man, ich sei ein Treiber und Hundeführer. Jedoch wurde ich sehr freundlich in der Runde aufgenommen als bekannt wurde, dass ich auch Jägerin war. Auffallend war, dass mir die Treiber die erlegten Hasen und

Elisabeth Smat ist über ihren ersten Hund zur Jagd gekommen.

Tauben bis zum Jagdwagen trugen. Die männlichen Schützen mussten dies selbst erledigen.

Sabine: Nein, ich habe nie Probleme gehabt.

Und wie war es beim „Schüsseltreiben" nach einer Jagd oder dem obligaten

Schnaps an kalten Jagdtagen – fühlt Frau Jägerin sich da fehl am Platze?

Elisabeth: Beim Schüsseltreiben in entspannter Atmosphäre gibt es viel zu erzählen. Ich denke, die männlichen Teilnehmer respektieren uns voll. Den Schnaps gibt es nur zum Schluss, und auch nur, wenn keiner mehr mit dem

„Die Zuverlässigkeit und Leistungsbereitschaft meiner Hunde erreiche ich nur über eine absolute Bindung und Vertrauensbasis."
Sabine Hochhäuser

Auto fahren muss. Jedoch wird niemand belächelt, der dankend ablehnt.

Gibt es Ihrer Ansicht nach grundlegende Unterschiede zwischen Jägerinnen und Jägern in dem Sinne, dass Frauen vielleicht weniger Zeit für die praktische Ausübung haben, weniger trophäensüchtig sind, sich vernünftiger oder sensibler zeigen?

Elisabeth: Die meisten Jägerinnen, die ich kenne, sind nicht trophäensüchtig. Ich selbst fühle mich mehr als Hegerin und bedaure, dass ich nicht mehr Zeit für die Jagd aufbringen kann.

Sabine: Jäger sein wird für mich nicht am Geschlecht einer Person festgemacht, sondern an ihrem Können und ihrem Handeln. Einen 150 kg-Keiler zieht auch ein Mann nicht allein aus der Brombeerhecke! Einen Vorteil der Frauen sehe ich in der Öffentlichkeitsarbeit für die Jagd, besonders auch im Bereich des Hundewesens.

Haben Sie die Erfahrung gemacht, dass zum Beispiel Familienmitglieder, Freunde, Arbeitskollegen oder Nachbarn Ihre Entscheidung, Jägerin zu werden, nicht verstanden oder falsch fanden, oder Sie dafür sogar offen angriffen?

Elisabeth: Nein, so etwas habe ich bisher nicht erlebt.

Sabine: Auf ein gewisses Unverständnis bin ich zwar gestoßen, habe aber auch viel Zustimmung erfahren. Einige Zweifler konnte ich mit einem leckeren Rehrücken überzeugen.

Wie viele Jägerinnen gibt es Ihres Wissens oder Ihrer Schätzung nach derzeit in Deutschland?

Elisabeth: Ich schätze, dass etwa zehn Prozent der Jäger weiblich sind, und ich glaube, es werden mehr.

Sabine: Ich selber kenne viele Jägerinnen, aber ich habe keine Idee über die Anzahl.

Mit Hunden welcher Rasse sind Sie bisher jagen gegangen?

Elisabeth: Ich jage mit Irish Settern.

Sabine: Meine Hunde waren bisher Weimaraner und Deutsch Kurzhaar.

Haben Sie Ihren Jagdhund immer beim Züchter erworben, oder auch schon mal einen Hund aus dem Tierschutz aufgenommen und ihn zum Jagdgefährten ausgebildet?

Elisabeth: Meine Hunde sind vom Züchter. Mein jetziger Rüde ist der Sohn meines vorhergehenden Setters. Die Züchterin ist selbst praktizierende Jägerin und freut sich, dass ich den Rüden bis zur VGP geführt habe. Aus dem Tierschutz habe ich bisher noch keinen Hund gehabt.

Sabine: Ich habe sowohl Hunde vom Züchter als auch aus dem Tierschutz. Meine Weimaraner-Hündin stammt von einem Züchter. Sie ist zum Rettungshund und auch jagdlich ausgebildet. Dann habe ich noch zwei Rüden aus dem Tierschutz: Der eine heißt „Marti" und ist ein Deutsch Kurzhaar-Rüde. Ich habe ihn im

Alter von acht Jahren aus Deutschland aufgenommen. „Marti" hat seinen Altersruheplatz bei uns gefunden. Er ist übrigens wildrein! Dann gibt es noch „Ayk", einen Weimaraner-Rüde aus Slowenien. Er kam fast verhungert bei uns an. Erst nach einem guten halben Jahr waren seine Magen- und Darmbakterien wieder hergestellt. „Ayk" war hyperaktiv und zeigte extreme Panikattacken und Verlassensängste. Er schrie zum Beispiel wie am Spieß, wenn er im Auto mitfuhr, und auch, wenn ich unbemerkt das Zimmer verließ. Anscheinend hatte man versucht, ihn jagdlich auszubilden, was wohl in die Hose gegangen ist. Wenn er zum Beispiel den Oberländer Apportierbock sah, schmiss er sich sofort ins Down. Zunächst habe ich mit „Ayk" nur am Gehorsam gearbeitet. Seine jagdliche Ausbildung habe ich komplett neu begonnen. Unser Ziel war die Jagdeignungsprüfung, die wir auch geschafft haben. Mit der Arbeit sollte sein Selbstvertrauen wieder aufgebaut werden.

Ansonsten übernehme ich immer mal wieder einen Pflegehund, da ich als Pflegestelle für Krambambulli aktiv bin. Ich bilde den Hund in der Regel nicht bis zur Prüfung aus, sondern je nachdem, welche Anlagen er hat. Das entscheidet sich am Anfang der Ausbildung. Mal hat man einen fast rohen Hund, mal einen, der bereits ausgebildet ist, und mal einen, der vermurkst worden ist.

Allgemein brauchen Jäger Hunde, die vollkommen verlässlich „funktionieren". Besteht da nicht die Gefahr, dass der Hund zum bloßen Instrument wird, wie etwa das Gewehr?

Elisabeth: Für mich ist mein Hund der beste Jagdkamerad. Nur durch ihn komme ich zum gewünschten Erfolg. Ich achte jedoch immer auf den Gehorsam.

Sabine: Nein, das ist bei uns nicht der Fall. Ich jage mit meinen Teamgefährten. Die Zuverlässigkeit und Leistungsbereitschaft meiner Hunde erreiche ich nur über eine engen Bindung und einer absoluten Vertrauensbasis.

Ein typischer Spruch lautet: „Jagd ohne Hund ist Schund." Damit erkennt man die Leistungsfähigkeit seines Partners auf der Jagd hoch an. Betrachten nicht auch Jägerinnen den Hund doch irgendwie als Untergebenen im Sinne eines reinen Befehlsempfängers?

Elisabeth: Nein, im Gegenteil: Was wäre ich ohne die Sinne meines Hundes? Es geht doch nichts über einen entspannten Spaziergang mit dem Hund nach einem arbeitsreichen Tag. Hunde sind generell gute Zuhörer, mit viel Gespür für die momentane Stimmung.

Sabine: Wer Kadavergehorsam möchte, sollte sich einen Schäferhund oder den Sony „Robo Dog" anschaffen. In der Jagdausübung ist eine gewisse Selbstständigkeit des Hundes erwünscht. Unsere Hunde sind Familienmitglieder, sie gehören zu unserem Rudel.

Früher war es durchaus Sitte, dass der Hund vom Alltag des Jägers getrennt, zum Beispiel allein im Zwinger, gehalten wurde. Viele männliche Hundeführer halten daran noch immer fest. Ist das sinnvoll oder notwendig?

„Mein erlegtes Wild landet in der Regel bei uns im Kochtopf."
Sabine Hochhäuser

Elisabeth: Auf keinen Fall! Ein Hund ist, wie auch der Wolf, ein Rudeltier. So lernt er, sich unterzuordnen. Bei mir beziehungsweise uns lebt der Hund in der Familie. Er ist ein fröhlicher Spielkamerad für meinen Enkel (14 Jahre).

Sabine: Nein, überhaupt nicht, der Hund gehört zu seinem Rudel.

Wer mit einem Hund jagt, muss ihn zu einem zuverlässigen Begleiter ausbilden. Männer gehen häufig härter dabei vor

„Nur durch meinen Hund komme ich zum gewünschten Jagderfolg.“
Elisabeth Smat

und fordern unbedingten Gehorsam. Sie werfen Frauen vor, bei der Jagdhundausbildung zu weich zu sein. Ist der Vorwurf gerechtfertigt? Welche Ausbildungsmethoden finden Sie ungeeignet?

Elisabeth: Ich habe persönlich noch keinen Jäger kennengelernt, der brutal die Ausbildung seines Hundes forciert hat. Ich finde jegliches Training mit Peitsche abartig. Man kann einen Hund nicht für Dinge strafen, die er noch gar nicht beherrscht. Ganz alte Jäger kennen sogar noch den Strafschuss, über den in alten Ausbildungsbüchern geschrieben wird.

Sabine: Wenn Menschen aufgrund eigener Unfähigkeit brutal, cholerisch, wütend, unkontrolliert mit ihren Tieren agieren beziehungsweise sich an ihnen abreagieren, und sich das Tier zum Untertan machen wollen, unabhängig, ob sie Jäger, Hundtrainer, Reiter ect. sind, dann ist das unhaltbar.

Lassen sich Ihrer Ansicht nach Jagd und Tierschutz miteinander vereinbaren?

Elisabeth: Ich denke, dass die Jagd auch Tierschutz ist. In der heutigen Zeit, in der die natürlichen Feinde unseres

Wildes fehlen, muss der Jäger regulierend eingreifen.

Sabine: Ja natürlich! Es geht doch um die ganze Vielfalt, die unsere Natur und Tierwelt zu bieten hat. Bei der Jagd geht es um die Erhaltung eines artenreichen und gesunden Wildbestandes. Es gibt genügend gemeinsame Aktionen von Jägern und Naturschützern: das Aufhängen von Überwinterungsmöglichkeiten für Fledermäuse, das Anlegen neuer Feuchtbiotope als Lebensgrundlage für Amphibien oder das Herrichten alter Remisen als Brut- und Aufzuchtstätte für Singvögel, um nur einiges zu nennen. In diesem Bereich liegen viele Chancen brach. Es gibt auf jeder Seite immer solche und solche. Man bedenke nur einmal das Animal-Hoarding-Phänomen, das krankhafte Horten von sich in Not befindenden Tieren und die damit einhergehende Verwahrlosung.

Kritiker sehen in der Jagd nutzloses Töten von Wildtieren zum Vergnügen des Jägers. Ist das ein Vorurteil oder berechtigte Kritik?

Elisabeth: Jäger töten nicht aus Vergnügen. Jagen ist eine natürliche Art des Abschöpfens (Ernte). Fleisch und Fleischprodukte will fast jeder auf seinem Teller liegen haben. Kaum jemand denkt daran, dass Schlachttiere einem größeren Stress vor ihrem Tod unterliegen.

Sabine: Wer aus Vergnügen am Töten jagt, sollte sich neu überdenken. Das gezielte Erlegen des Wildes ist nur der kleinste Bestandteil der Jagd und dient zur Nahrungsbeschaffung. Mein erleg-

tes Wild landet in der Regel bei uns im Kochtopf. Zur Jagd gehört viel mehr die Hege des Wildbestandes und quasi das Management des Jagdreviers. Wer sich ein Bild von der Jagd machen möchte, kann einen Jäger ins Revier begleiten und sich persönlich ein Bild über die Aufgaben machen. Dort kann man dann auch Jagdhunde bei ihrer eigentlichen Bestimmung beobachten.

Jäger und Hundehalter geraten meist deshalb aneinander, weil der Weidmann im Vierbeiner des anderen eine Bedrohung für das Wild in seinem Revier sieht. Der Hundehalter seinerseits wirft dem Jäger Egoismus, Unverständnis, Feudalherrenverhalten und so weiter vor. Wie sollte man mit diesem Konfliktthema umgehen?

Elisabeth: Früher habe ich auch ein gespaltenes Gefühl verspürt, wenn mich ein Jäger anraunzte. Heute weiß ich durch meine Ausbildung zur Jägerin viel besser, welche Auswirkung ein freilaufender, eventuell nicht gehorchender Hund auf das Wild hat. Inzwischen versuche ich, auch im privaten Umfeld, auf die Gefahren hinzuweisen. Bis jetzt hat fast jeder Hundebesitzer Einsicht gezeigt. Wichtig ist meiner Meinung nach, dass man ruhig auf den Hundebesitzer zugeht. Gut ist es bis jetzt auch immer angekommen, einen Hundebesitzer zu einem Reviergang einzuladen.

Sabine: Ein Kriegschauplatz: Egoismus und fehlende Information auf beiden Seiten. Es betrifft ja eigentlich alle Natur- und Waldnutzer. Jeder möchte seinem Hobby nachgehen, da kommt man sich zwangsläufig in die Quere. Beim Erstkontakt im Ton vergriffen, schon sind beide Seiten nicht mehr gesprächsbereit. Es geht auch anders: Aufklärung und Information über die jagdlichen Gegebenheiten im betreffenden Revier mit der Bitte um Einhaltung der Aufsichtspflicht. Toleranz und Nachdenken auf beiden Seiten und selbst Vorbild sein – dann funktioniert es.

„Jagen ist eine natürliche Art des Abschöpfens (Ernte)."
Elisabeth Smat

Zur Person

Sabine Middelhaufe wurde 1957 in Bochum geboren. Seit 1980 ist sie Diplom-Ingenieurin im Fach Architektur. Sie begann allerdings schon zu dieser Zeit das Verhalten von Jagdhunden zu studieren (statt Häuser zu bauen). Ab 1982 schrieb sie zahlreiche Monografien von Jagdhunderassen.

1984/85 arbeitete sie dann als Assistentin mit Eberhard Trumler in der Haustierkundlichen Forschungsstation Wolfswinkel und zog später nach Italien, wo sie sich intensiv mit der Beobachtung der Jugendent-wicklung des Gordon Setters beschäftigte.

Während eines längeren Aufenthaltes in Deutschland wurde Sabine Middelhaufe Fachredakteurin einer deutschen Hundezeitschrift und begann 1993, wieder zurück in Italien, die Beobachtung von Laufhunden.

Seit Beginn der 90er Jahre schreibt sie für zahlreiche nationale und internationale Hunde- und Jagdzeitschriften, wie „Der Jäger" (D), „Deutsche Jagd-Zeitung" (D), „Jagd & Natur" (CH), „Jagen Heute" (A), „Diana" (I), „Schweizer Hundemagazin" (CH), „Der Hund" (D), „Hunde Revue" (D) und „Partner Hund" (D).

Sabine Middelhaufe ist seit 2010 bei den italienischen Fachzeitschriften „Cani da seguita" sowie „Cani da ferma e da cerca" ständige Mitarbeiterin. Im Jahr 2009 veröffentlichte sie ihr Buch „Jagdhund ohne Jagdschein?". Im Frühjahr 2012 erschien der gleichnamige Film.

Kontakt:
www.sabinemiddelhaufeshundundnatur.net,
E-Mail: info@sabinemiddelhaufeshundundnatur.net

Text: Sabine Middelhaufe
Fotos: Sabine Hochhäuser (1), Elisabeth Smat (2), Christine Steimer (2), CMA (1), Peter Burkhardt (1)

„Mich freut bei der Jagd im Sommer
besonders das Naturerleben, die Möglichkeit
zur Beobachtung vieler verschiedener Tiere
sowie die Ruhe und Entfernung vom Alltag,
zu der man gezwungen ist."
Christina Wolgast

Die Jagd ist ein Wechselspiel aus Spannung und Ruhe

Ein Portrait über Christina Wolgast, Forst-Ingenieurin

Christina Wolgast wohnt in dem beschaulichen Ort Pevestorf, direkt an der Elbe im niedersächsischen Wendland. Sie lebt dort zusammen mit ihrem Mann Henning, Förster bei einer Forstbetriebsgemeinschaft, und ihren beiden Söhnen Carsten (23) und Thomas (18). Hier treffen wir uns auch, um einige Fotos für dieses Buch zu schießen. Dafür fahren wir in das genossenschaftliche Revier, das ihr Mann rund um den Ort gepachtet hat. Dort gehen die beiden häufig zur Jagd – gerne auch zusammen mit befreundeten Jägerinnen und Jägern.

„Ich habe 1985 in Göttingen mit dem Studium der Forstwirtschaft begonnen. Da der Beruf eines Försters die Jagd einschließt und daher einen Jagdschein erfordert, habe ich während des Studiums den Jagdschein gemacht. Das war 1986", erzählt die 47-Jährige auf der Fahrt durch weitläufige Wiesen- und Weiden zu einem geeigneten Motiv-Ort. Auf einmal entdecken wir zwei Kraniche, die unweit auf einer noch rinderfreien Weide stehen. Nachdem wir ausgestiegen sind, ist die Luft erfüllt von lauten Gänse- und Kranichrufen.

Wir gehen als erstes zu einer ziemlich hohen Baumleiter. Diese verwerfen wir allerdings für das Foto-Shooting relativ schnell wieder, denn dort oben ist Christina nur als kleiner, heller Punkt zu erkennen. Die Idee war gut, denn die Leiter ist wunderbar in eine alte Eiche eingebaut, aber die Ausführung ist nicht wirklich praktikabel. Also ein neuer Versuch.

Revier in direkter Elbnähe

Auf dem Weg quer über eine Brachfläche zu einem niedrigeren Sitz erzählt sie, warum sie heute nicht mehr als Försterin tätig ist: „Mittlerweile arbeite ich in der „Internen Revision" der Niedersächsischen Landesforsten in Braunschweig." Durch den Arbeitsort bedingt, verbringt sie mehrere Tage in der Woche in der Stadt. „Da ich einen Bürojob habe, bin ich beruflich nur noch freiwillig in die Jagd eingebunden. Dies erfolgt dann meist während der Herbst- und Winterdrückjagden. Das ist eine gute Gelegenheit, alte Freunde und Kollegen wieder zu treffen", erklärt die Jägerin.

Privat nutzt sie das Revier ihres Mannes, um der Jagd nachzugehen. In dem gemischten Feld-Wald-Revier, das zum Teil direkt an die Elbe grenzt, wird auf Reh-, Schwarz- und Raubwild gejagt. „Mein Mann ist ein sehr passionierter Jäger, so dass wir regelmäßig gemeinsam in Pe-

Christina Wolgast jagt zusammen mit ihrem Mann hauptsächlich auf Reh-, Schwarz- und Raubwild.

vestorf jagen oder zusammen Jagdeinladungen wahrnehmen", bemerkt Christina Wolgast, während über uns wieder eine große Anzahl Gänse Richtung Elbe streicht. Die anfallenden Revierarbeiten übernimmt hauptsächlich ihr Mann Henning. „Ich unterstütze ihn immer dann, wenn er zusätzliche Hilfe benötigt oder mal keine Zeit hat", so die Diplom-Forst-Ingenieurin.

Einen Teil des erlegten Wildbrets verwerten die Wolgasts in der eigenen Küche. „Den anderen Teil vermarkten wir überwiegend privat. Die dafür nötige Arbeit erledigen wir immer gemeinsam, da das saubere küchenfertige Zerwirken Zeit kostet", unterstreicht Christina Wolgast. Sie ist auf dem niedrigeren Sitz aufgebaumt – wunderbar, die Höhe passt, ich kann erste Aufnahmen machen.

Danach geht es weiter in Richtung Deich, der das Revier zur Elbe hin abgrenzt. In diesem Biotop fühlt sich nicht nur verschiedenstes Federwild wohl, sondern auch Rehwild und Raubwild wie Waschbären gibt es hier reichlich.

Passionierte Jagdhornbläserin

Zur Familie Wolgast gehört auch noch Jagdterrier „Paul", der aber aufgrund eines Zahnleidens jagdlich nicht mehr zum Einsatz kommt. Davor hat Christina Wolgast mehrere andere Hunde geführt. „Durch meine derzeitige Berufstätigkeit kann ich leider keinen Hund ausbilden. Aber mir hat das immer viel Spaß gemacht", sagt sie, während sie beim Fototermin ihren Blick über den Deich schweifen lässt.

Die 47-Jährige erzählt weiter, dass sie auch noch Jagdhornbläserin ist. Neben dem Fürst-Pless-Horn spielt sie seit einiger Zeit auch das große Parforce-Horn in der Tonart „Es". Zusammen mit der eigenen und einer befreundeten Jagdhornbläsergruppe wurde in einer Kirche im Nachbarort im letzten Jahr erstmalig die „Hubertusmesse" geblasen. „Das war ein tolles Erlebnis. Die Kirche war als

Wald dekoriert und richtig voll", beschreibt Christina Wolgast die Premiere.

Der Wind pfeift hier oben auf dem Deich ganz schön, so dass wir lieber den Standort wechseln. Wir gehen den Deich hinunter, queren einen Fahrradweg und tauchen gleich dahinter in einen kleinen Waldkomplex ein. Hier ist es zum Glück einigermaßen windstill. In der Schlehenhecke zeigen sich zaghaft die ersten weißen Blüten. Wir umrunden eine Leiter, die sich kaum sichtbar in die Hecke einfügt. Wir haben Henning versprochen, eine der Kirrungen zu beschicken.

Danach ist Gelegenheit für einen weiteren Plausch. Wir sprechen darüber, ob es einen Unterschied bei der Jagd zwischen Männern und Frauen gibt. Jagen Frauen anders, vorsichtiger? „Ich glaube vorsichtiges oder umsichtiges Verhalten hat etwas mit der persönlichen Veranlagung zu tun. Nach meinen bisherigen Erfahrungen ist diese Eigenschaft jedoch bei Frauen verbreiteter als bei Männern, was sich dann auch auf das Verhalten bei der Jagd auswirkt", so die Einschätzung der Jägerin. Wie sieht es mit dem Jagdneid aus? „Ob es unter Frauen weniger Jagdneid gibt, lässt sich

„Bei der Jagd kann man jederzeit etwas Spannendes oder Überraschendes erleben – und muss dann, je nach Situation, auch richtig reagieren."
Christina Wolgast

Revierarbeiten wie Kirren übernimmt Christina Wolgast, wenn ihr Mann keine Zeit hat.

schwer beantworten. Bei den Jägerinnen, die ich kenne, habe ich noch keinen Jagdneid erlebt, bei einigen Männern schon. Allerdings ist dieses Ergebnis aufgrund der geringen Zahl sicherlich nicht repräsentativ", unterstreicht sie.

Dazu passt die Frage, wie ihr Umfeld darauf reagiert, dass sie als Frau zur Jagd

geht. „Da in meinem beruflichen Umfeld Jäger/Innen Normalität sind und sich auch in meinem Freundeskreis viele Jägerinnen befinden und hier in der ländlichen Umgebung Jagd als etwas ziemlich Selbstverständliches angesehen wird, kommt es nicht zu Diskussionen", lautet die Antwort. Bevor wir weitergehen, will ich wissen, ob sie das Gefühl hat, als

Vorsichtiges oder umsichtiges Verhalten hat nach Meinung von Christina Wolgast mehr mit der persönlichen Veranlagung als mit dem Geschlecht zu tun.

Jägerin mehr leisten zu müssen als ihre männlichen Mitjäger. Die zierliche Frau schüttelt den Kopf: „Gerade in meinen Anfangsjahren war ich als Jägerin eine ziemliche Seltenheit auf den Jagden und dadurch entsprechend bekannt beziehungsweise stand einfach mehr im Fokus. Dies hat dazu geführt, dass ich gar nicht in Versuchung kam, mich vor irgendetwas zu drücken. Allerdings hatte ich auch nie das Gefühl, mehr leisten zu müssen." Beruflich kann sich die Forst-Ingenieurin nicht aussuchen, mit wem sie jagt. Wie sieht es aber aus, wenn sie privat jagen geht? „Am liebsten jage ich in gemischten Gruppen, da die Gespräche im Anschluss eine größere Bandbreite haben", so die Antwort.

Wildbret ist vielfältig einsetzbar

Das Licht wird immer schlechter, wir haben genügend Motive „im Kasten" und fahren zurück. In der Küche reden wir weiter über Frauen bei der Jagd. Mein Blick schweift zum Herd. Christina Wolgast hat erzählt, dass einiges von dem erlegten Wildbret zuhause auf den Tisch kommt. Wie wird es zubereitet? „In den Anfangsjahren habe ich da nur an die klassische Zubereitung als Braten mit den typischen Wildgewürzen gedacht. Das stieß jedoch bei unseren Söhnen auf wenig Gegenliebe, so dass unser Wildverbrauch eher gering war. Schließlich ging ich dazu über, unser Wildfleisch in allen mir bekannten Formen, zum Beispiel kurz gebraten, als Geschnetzeltes, Gulasch, Hack oder auch mal als Braten und so weiter sowie mit allen sonst üblichen Gewürzen zuzubereiten. Seitdem sind Wildgerichte bei uns beliebter. Somit haben wir auch den Verbrauch an Wildfleisch wieder erheblich gesteigert", erzählt sie mit einem Schmunzeln.

Und sie fügt hinzu: „Inzwischen kaufe ich kaum noch anderes Fleisch, weil wir festgestellt haben, dass die Rezepte, die für Rind und Schwein gedacht sind, ebenso gut mit Wild zubereitet werden können." Also, auch im Hause Wolgast gibt es Wildbret in allen Variationen – und es wird als hochwertiges Nahrungsmittel geschätzt.

Zum Abschluss möchte ich natürlich noch wissen, wie die sympathische Jägerin jagt. Welches ist ihre Lieblingswildart – und warum? „Am liebsten mag ich Drückjagden im Winter oder den Ansitz auf Rehwild in der wärmeren Jahreszeit, wenn man, ohne sich vermummen zu müssen und ohne zu frieren, jagen gehen kann", sagt sie. Das „Warum" und was sie an der Jagd fasziniert, beantwortet Christina Wolgast so: „Mich freut bei der Jagd im Sommer besonders das Naturerleben, die Möglichkeit zur Beobachtung vieler verschiedener Tiere sowie die Ruhe und Entfernung vom Alltag, zu der man dann gezwungen ist. Dazu fasziniert mich die Möglichkeit, jederzeit etwas Überraschendes oder Spannendes zu erleben, und je nach Situation schnell und richtig reagieren zu müssen."

Ich mache mich mit vielen Eindrücken von einer Frau auf den Rückweg, die beruflich viel mit Jagd und Forst zu tun hat, aber auch den privaten jagdlichen Aspekt immer wieder genießen kann.

Zur Person

Name: Christina Wolgast
Beruf: Forst-Ingenieurin
Wohnort: Pevestorf
Alter: 47 Jahre
Familienstand: verheiratet, zwei Söhne
Jagdschein: 1986 während des Studiums in Göttingen erworben
Jagdhornbläserin

Text und Fotos: Katrin Burkhardt

Praxistipp Drückjagd: Das gehört zur Ausrüstung/in den Rucksack

1.) **Die Wahl der Waffe:** Die richtige und vor allem passende Waffe ist extrem wichtig. Sie sollte Ihnen flintenähnlich gut liegen und einen mittleren Abzugswiderstand haben. Zur Ausstattung sollte ein spezielles Reflexvisier (zum Beispiel: Docter-Sight) oder ein Drückjagd-Zielfernrohr mit ein- bis vierfacher Vergrößerung gehören.

2.) **Patronentasche** mit ausreichend Munition.

3.) **Signalkleidung** mit auffälliger Jacke oder Warnweste und gerne auch orangem Schal (funktionelle skandinavische Vlies- und Faserpelz-Kleidung) ist unabdingbar – dabei auf genügend Bewegungsfreiheit achten! Für den Regenguss: Poncho oder Regenjacke und Überziehhose.

4.) **Bei angenehmen Temperaturen:** fingerlose Handschuhe, **bei Kälte**: warme (Faust)-Handschuhe oder einen Muff.

5.) **Sitzkissen**: Sitzbretter können nass und kalt sein.

6.) Falls mehrstündiges Treiben mit **Aufbrechpause**: Aufbrech-Handschuhe, Jagdmesser, Aufbrechsäge, Wildbergehaken/Gurt.

7.) **Für Nachsuchen:** farbiges Stoffband/Absperrband zur Anschussmarkierung.

8.) **Erste-Hilfe-Päckchen** mit Pflaster, Mullbinden, Druckverband

9.) **Sonstiges:** Uhr, Handy, eine Rolle Klopapier, Thermoskanne mit Heißgetränk

Extratipp:
Sprechen Sie durchs Zielfernrohr an, da für die Handhabung des Fernglases in der Regel bei einer Bewegungsjagd keine Zeit bleibt.

Foto: Timo Hilgers

39

„Der gute Schuss im richtigen Moment
steht bei Frauen mehr im Vordergrund
als der Gedanke, auf einer Drückjagd
Jagdkönig zu werden."
Dr. Britta Czasch

41

Gelungene Symbiose zwischen Beruf und Hobby

Interview mit Dr. Britta Czasch, Agrar-Ingenieurin und Bankangestellte

Frauen kommen häufig über die Arbeit mit Hunden oder den Ehepartner zur Jagd. Welche Gründe haben Sie bewogen, Jägerin zu werden?

Dr. Britta Czasch: Bei mir war es der Job. Als Verantwortliche für die Land- und Forstwirtschaft eines Schlosses und Gutes im nördlichen Brandenburg gehörte auch die Verwaltung bestehender Pachtverträge, die durch den Kauf der Immobilien von der Treuhand an den neuen Eigentümer übergegangen waren, zu meinen Aufgaben. Hierzu gehörten sowohl Pachtverträge für die Acker- und Grünlandflächen als auch Jagdpachtverträge mit Privatpersonen. Dabei fiel mir auf, dass große Teile der Flächen an die örtliche Jagdgenossenschaft angegliedert waren, wofür es aufgrund der geographischen Gegebenheiten (zusammenhängende Flächen) keinen Grund gab. Diese Tatsache veranlasste mich bei der Unteren Jagdbehörde einen Antrag für einen Eigenjagdbezirk zu stellen. Mit dem Auslaufen der Jagdpachtverträge wurde dann von der unteren Jagdbehörde entschieden, dass wir über einen Eigenjagdbezirk mit 1.900 Hektar verfügen könnten. Schnell stand der Entschluss, diesen in Eigenregie zu bewirtschaften und den Jagdschein zu machen.

Das Vorhaben setzte ich umgehend durch einen Kompaktkurs in der Natur- und Jagdschule Schloss Lüdersburg um, wo ich den Jagdschein absolvierte.

Erste Jägerin in der Familie

Wie sind Sie jagdlich eingebunden?

Ich jage in einem Hochwildrevier mit der Hauptwildart Damwild im nördlichen Brandenburg.

Jagen noch weitere Familienmitglieder bei Ihnen? Wenn ja, gehen Sie gemeinsam jagen?

Ich bin die erste in unserer gesamten Familie, die sich jemals mit dem Thema Jagd beschäftigt hat. Allerdings gab es bisher auch keine Landwirte/Agrar-Ingenieure in unserem Stammbaum – also bin ich eine echte Exotin!

Wie reagieren nichtjagende Freunde, Kollegen oder Bekannte, wenn sie erfahren, dass Sie Jägerin sind? Gibt es Streitpunkte oder Diskussionen? Wie erklären Sie sich?

Bisher gab es überhaupt keine negativen Erfahrungen im Freundes- oder Bekanntenkreis. Ganz im Gegenteil, alle

Dr. Britta Czasch hat als eine der wenigen die Möglichkeit, Beruf und Hobby miteinander zu verbinden.

kommen sehr gerne zu mir zum Wildbratenessen oder möchten gerne Wildfleisch erwerben. Im beruflichen Alltag gehört die Jagd einfach zum Unternehmen, sie ist ein Betriebszweig, genauso wie die Hotellerie und Gastronomie. Führungen von Jagdgästen, Trophäen- und Gesellschaftsjagden sind bei uns Standard.

Haben Sie das Gefühl, als Jägerin mehr leisten zu müssen oder zu wollen als die männlichen Mitjäger?

Für mich ist es sehr wichtig, das Handwerkzeug perfekt zu beherrschen, da ist es völlig egal, ob männlich oder weib-

lich. An allererster Stelle steht für mich das präzise und korrekte Schießen. Hierzu ist viel Training notwendig, aber auch der Einsatz von modernem Equipment. Ich finde es fürchterlich, wenn noch die Büchse vom Urgroßvater mit einem genauso alten Glas geführt wird, aber ein präziser Schuss damit nicht mehr möglich ist.

Jagen Frauen anders als Männer? Gibt es unter Frauen weniger Jagdneid?

Ich habe die Erfahrung gemacht, dass Frauen wesentlich umsichtiger schießen und nicht mit aller Gewalt ein Stück erlegen wollen. Der gute Schuss im rich-

Dr. Britta Czasch geht gerne zum Ansitz auf Dam- und Rehwild.

tigen Moment steht mehr im Vordergrund als der Gedanke, auf einer Drückjagd Jagdkönig zu werden.

Ich kann mich bisher kaum an Nachsuchen auf Gesellschaftsjagden erinnern, die durch eine Jägerin verursacht wurden. Allerdings darf man die Frauenquote von mindestens 1:5 oder 1:6 auf solchen Veranstaltungen nicht außer Acht lassen. Oft bin ich auf Gesellschaftsjagden die einzige Teilnehmerin!

Jagen Sie lieber mit Frauen und/oder Männern zusammen? Warum?

Meistens ist keine Auswahl vorhanden! Mir ist es egal, da ja alle das gleiche Hobby/die gleiche Passion haben und

man immer unter Gleichgesinnten ist. Der Gesprächsstoff geht einem doch nie aus, egal ob Jägerin oder Jäger.

Wie sieht es bei Ihnen aus: Verwerten Sie das Wildbret selber? Wird es vermarktet?

Wir verwerten das gesamte Wildbret aus der Eigenjagd im schlosseigenen Restaurant, also für unsere Gäste. Sobald ich privat auf einer Jagd eingeladen bin versuche ich immer, die von mir erlegten Stücke zu erwerben, so dass es sehr oft am Wochenende Wildbret gibt. Meist wird dann auch die ganze Familie und der Freundeskreis mit versorgt. Ab und zu lasse ich auch Wurst und Schinken bei einem Fleischer machen.

Gibt es Tipps und Tricks, die Sie aus eigener Erfahrung an andere Jägerinnen weitergeben würden?

1.) Passendes Gewehr
2.) Regelmäßige Übung/Fortbildung, vor allem im Schießen
3.) Keine Modenschau aus einer Gesellschaftsjagd machen
Durch unauffälliges Verhalten und gutes Jagen wird man sehr schnell in das Netzwerk der Jägerschaft aufgenommen und auch oft zu Jagden eingeladen.

Welche Jagdart üben Sie am liebsten aus? Welches ist Ihre Lieblingswildart und warum? Was fasziniert Sie an der Jagd?

Ich gehe sehr gern zum Einzelansitz auf Dam- und Rehwild. Das Highlight der Jagdsaison ist für mich immer die Bockjagd im Mai. Es ist einfach phantastisch, um diese Jahreszeit die Natur zu erle-

„Durch unauffälliges Verhalten und gutes Jagen wird man schnell in das Netzwerk der Jägerschaft aufgenommen."
Dr. Britta Czasch

ben, außerdem hat die jagdfreie Zeit extrem lange gedauert. Im Herbst und Winter genieße ich Gesellschaftsjagden am meisten, da mich Bewegungsjagden auf Schalenwild faszinieren. Außerdem liebe ich das Brauchtum und bin sehr gerne mit Gleichgesinnten zusammen. Die Zahl an Bekanntschaften, die ich auf solchen Veranstaltungen gemacht habe, ist riesengroß. Etliche davon sind zu richtigen Freundschaften geworden, durch andere haben sich schon oft nützliche Situationen und Synergieeffekte im Arbeitsalltag ergeben.

Durch die Jagd bin ich zu einem weiteren Hobby gekommen – das Tontaubenschießen. Das kam durch eine eher zufällige Bekanntschaft mit dem Schweizer Flintenschießlehrer Bruno Achermann auf der IWA in Nürnberg und der daraus resultierenden Verabredung zu einem Flintentraining. Mit einer wahn-

sinnigen Passion, sagenhaften Geduld und perfekten Didaktik bringt Bruno Achermann jeden Schüler/jede Schülerin zum Treffen der schwierigsten Parcourstauben. Ein paar Lehrgänge und Unterrichtsstunden bei ihm machen einen schnell süchtig danach. Der Schießunterricht mit einem wirklich professionellen Lehrer nach bestandener Jägerprüfung ist jedem zu empfehlen, um eine fundierte Basis für ein erfolgreiches Jägerleben zu legen.

Zur Person

Name: Dr. Britta Czasch
Beruf: Agrar-Ingenieurin und Bankangestellte
Wohnort: Berlin
Alter: 43 Jahre
Familienstand: ledig
Jagdschein: 2007 an der Natur- und Jagdschule Schloss Lüdersburg erworben

Text: Dr. Britta Czasch, Fotos: Katrin Burkhardt

„Es liegt uns viel daran, dass die Kleidung auch für die aktive Jagdausübung geeignet ist."
Sandra Reifenhäuser

„Jagdbekleidung ist unsere Passion!"

Portrait über Sandra Reifenhäuser, Inhaberin von www.waidfrau.de

„Jagd lernt man beim Jagen, sagt ein Sprichwort, und genau diese Erfahrung habe ich auch gemacht", erzählt Sandra Reifenhäuser. Wie sie zur Jagd kam, beschreibt ihr Mann Dirk: „Nach dem unser Jagdhund Kuno, ein kleiner Münsterländer, bei uns einzog, stand für meine schon damals jagdlich interessierte Frau fest, dass sie auch den Jagdschein machen will. Ich selbst habe bereits über 20 Jahre einen Jagdschein und freute mich, zukünftige Jagderlebnisse mit meiner Frau teilen zu können."

Und Sandra Reifenhäuser fügt an: „Als erste Frau im Kreis hatte ich die Jagdscheinprüfung mit der Note 1,25 abgelegt und war Prüfungsbeste. Während meiner gesamten Ausbildung bis heute, wurde ich von jungen sowie von den älteren Jägern respektvoll aufgenommen. Diese Anerkennung wurde mir nicht geschenkt, ich musste schon auf die Herren zugehen. Die Erfahrung und die spannenden Geschichten der „alten Hasen" interessierten mich sehr. Die meiste Anerkennung bekam ich jedoch, als ich bei einer Maisdrückjagd Jagdkönigin wurde ... von da an gehörte ich dazu!"

Ob Männer oder Frauen die besseren Jäger sind, der eine mehr im Vorteil ist als der andere – diese Frage kann die Hundeführerin nicht beantworten. „Frauen wie Männer bringen die gleiche Passion mit. Natürlich ist man auch mal unterschiedlicher Meinung, das ist aber nicht geschlechterspezifisch. Beim Bergen eines schweren Keilers hilft man sich gegenseitig – das ist Gemeinschaft", resümiert Sandra Reifenhäuser.

Große Herausforderung

Es gäbe auch Vorbehalte gegen Frauen, die einen Jagdschein besitzen, und das nicht nur unter Jägern, die gewöhnen sich langsam daran: „Es sind oft gerade die Nichtjäger, die erstaunt darüber sind, dass eine Frau zur Jagd geht."

Ihre Passion ist Sandra Reifenhäuser anzumerken, wenn sie über die Jagd erzählt: „Das Herz geht mir auf, wenn ich die alte Ricke mit dem starken Kitz beim Reviergang beobachte und ich mich an die vielen stimmungsvollen Momente im Einklang mit der Natur erinnere. Meine besondere Passion ist die Arbeit mit meinem Hund Kuno, insbesondere im Herbst in der Drückjagdsaison. Das ist aber ein hartes Brot für Hundeführer und Hund – und eine große Herausforderung an die eigene Ausrüstung und das Material."

47

Im Online-Shop von Sandra und Dirk Reifenhäuser wird die Bekleidung nicht nur ansprechend, sondern auch praxisnah präsentiert.

Viele Produkte waren ungeeignet

Schnell musste Sandra Reifenhäuser feststellen, wie schwierig es ist, die passende Kleidung dafür zu finden. Damenprodukte waren oft nicht für den praktischen Einsatz bei der Jagd geeignet, denn diese muss dornen- und krallenfest, aber auch bequem und modisch sein. „Die ersten Male als Durchgehschützin hatte ich die total falsche Kleidung. Na super, an jedem Brombeerdorn blieb ich damals hängen. Die Beine total zerkratzt und von meinen Händen ganz zu schweigen", blickt Sandra Reifenhäuser zurück. „Jagdbekleidung in kleinen Herrengrößen zu kaufen, war keine wirkliche Lösung", sagt die Jägerin. Aber was blieb ihr übrig? Nur für Männer gab

es funktionelle und praxistaugliche Bekleidung. „Wenn ich doch ein Damenprodukt gefunden habe, war es oft genug nicht für den praktischen jagdlichen Einsatz geeignet. Es fehlten Innentaschen, Taschen überhaupt, die Hosen waren zu kurz im Rücken geschnitten, und im Winter waren sie nicht wirklich wärmend. Also kaufte ich meine Sachen erst einmal in Herrengröße, sie sollten ja praktisch sein. Mein Mann fand, dass die Sachen wie ein Sack an mir aussahen. Er wollte mich so nicht mitnehmen", erzählt die passionierte Hundeführerin.

So entstand im Mai 2011 die Idee für den Online-Shop „www.waidfrau.de". Und siehe da: Wer suchet, der findet ...: „So

48

viel tolle Kleidung für Jägerinnen! Alles dornen- und krallenfest, bequem, modisch, funktional und ja sogar elegant. Wir haben schließlich doch einiges gefunden", berichtet Sandra Reifenhäuser. Die Idee wurde ausgebaut.

Seit über einem Jahr bieten Sandra und Dirk Reifenhäuser unter dem Motto „Von der Jägerin für die Jägerin" ein umfangreiches Sortiment an. Es reicht von Hosen, Westen und wärmenden Oberteilen aus Fleece über Stiefel und Thermowäsche bis hin zu schicken sowie funktionalen Blusen, die sich auch außerhalb des „Jagdgeschehens" gut tragen lassen. Neben modernen, neuartigen Materialien gibt es zudem eine große Auswahl an hochwertiger Loden-Jagdbekleidung. Desweiteren gehören verschiedenes Zubehör und Utensilien für den Hund wie Leinen und Schutzwesten zum Angebot. Hier werden nicht nur Jägerinnen fündig, sondern alle, die sich gern und oft in der Natur aufhalten.

Erst kommt der Praxistest

„Damit wir auch halten können, was die Hersteller versprechen, testen wir die Produkte in der Praxis auf ihre Tauglichkeit", so Jägerin Sandra. Dabei binden sie ihr bekannte Jägerinnen mit ein, die die Bekleidung bei Wind und Wetter, durch Dornen und Matsch, sowie über Stock und Stein auf Herz und Nieren prüfen. „Es liegt uns viel daran, dass die Kleidung nicht nur gut sitzt, sondern auch für die aktive Jagdausübung geeignet ist", unterstreichen die beiden Shop-Betreiber.

Nerv der Jägerinnen getroffen

Wichtig ist Sandra Reifenhäuser außerdem der regelmäßige Austausch mit anderen Naturliebhaberinnen. Deshalb hat sie auf ihrer Webseite einen Blog für Jägerinnen zum Erfahrungsaustausch eingerichtet. Dort werden nicht nur die neuesten Trends gepostet, sondern es finden sich auch aktuelle Meldungen und spannende Geschichten rund um die Jagd. Und auch Rezepte für leckere Wildgerichte sowie Tipps für einen erholsamen Urlaub mit dem vierbeinigen Jagdbegleiter sind hier zu lesen.

Die Zwischenbilanz von Sandra und Dirk Reifenhäuser fällt nach dem ersten Jahr durchweg positiv aus. „Die zahlreichen Anfragen geben uns Recht. Wir haben offensichtlich den „Nerv" der Jägerinnen getroffen", stellen die beiden begeistert fest. Sie wollen weitermachen, damit vielen anderen Jägerinnen die mühsame Suche nach geeigneter Jagdbekleidung erspart bleibt.

Zur Person

Name: Sandra Reifenhäuser
Beruf: Onlineshop-Inhaberin
Wohnort: Burglahr
Alter: 40 Jahre
Familienstand: verheiratet, eine Tochter
Jagdschein: 2009 in Altenkirchen erworben + einjährige Ausbildung bei einem Mentor Hundeführerin

Mehr Informationen im Internet unter:
www.waidfrau.de

Text: Katrin Burkhardt, Fotos: Sabine Reifenhäuser

„Die Mühe, der Stress – im Nachhinein lohnt es sich, wenn ich in die strahlenden Gesichter der frisch gebackenen Jungjäger blicke."
Claudia Sültemeier,
Inhaberin des Jägerlehrhofs Wendland

51

Von Jungjägern, Landleben und Jagderlebnissen

Ein Portrait über Claudia Sültemeier, Inhaberin des Jägerlehrhofs Wendland

Mein Name ist Claudia Sültemeier und ich wohne in dem kleinen Ort Dünsche. Ich bin 39 Jahre alt. Mit meinem Mann Jörg bin ich seit 2003 verheiratet und wir haben zwei Töchter, Clara (11 Jahre) und Merle (10 Jahre). Ich bin Inhaberin des Jägerlehrhofs Wendland in Dünsche. Wir bieten Vorbereitungkurse für den Jagdschein an.

Meinen Jagdschein habe ich am 10.11. 2006 gemacht – also genau vor fünf Jahren und vier Monaten. Natürlich habe ich ihn hier im Jägerlehrhof absolviert, und zwar im zweiten Kurs. Und gleich beim ersten Mal bestanden. Naja gut, einmal bin ich beim Kipphasen durchgefallen, ich habe es in der Wiederholungsprüfung aber geschafft.

Keine jadliche Vorprägung

Ich bin die Erste und Einzige in der Familie, die einen Jagdschein hat. Geboren bin ich in Sachsen-Anhalt auf dem Land. Als ich fünf Jahre alt war zogen wir in die Stadt Salzwedel. Tja, hier war einfach nichts Ländliches! Meine Eltern sind von Beruf Fleischereifachverkäuferin und Maurer. Beide hatten keinen Bezug zur Natur oder zu Tieren. Auch in meinem familiären Umkreis war nie-

mand, der sich auch nur ansatzweise mit dem Thema Jagd beschäftigt hat.

Mit der Grenzöffnung und meinem parallel vollzogenem Schulabschluss im Jahre 1989 lernte ich den Landkreis Lüchow-Dannenberg kennen. In meinem Ausbildungsbetrieb zur Bürofachkraft hatte ich meine ersten Begegnungen mit dem Thema Jagd. Mein damaliger Chef war Revierinhaber in Dünsche, welches wesentlich später mein zu Hause werden sollte.

Hier in Dünsche ist also der Ursprung allen Übels zu suchen ... Wie es genau kam, dass ich den Jagdschein machte? Das ist, wie sagt man so schön, eine lange Geschichte. Wer mag, nimmt sich am besten einen Schaukelstuhl und eine Tasse Tee, bevor es losgeht.

Landleben statt Karriere

Als ich 1996 meinen Mann Jörg kennenlernte, arbeitete ich als Buchhalterin in Dannenberg. Mein Mann kommt direkt aus Dünsche. Hört sich toll an, für ein Dorf mit jetzt noch 89 Einwohnern. Hier hatte er einen landwirtschaftlichen Betrieb mit zirca 80 Hektar Land und damals noch 16 Kühen. Außerdem gab es noch die seit drei Generationen beste-

Claudia Sültemeier mit ihrem ersten Bock, für dessen Erlegung sie nach eigener Aussage etliche Ansitze benötigte.

hende Hannoveraner Pferdezucht. Die Umgestaltung des Hofes von den 16 Kühen auf etwa 1.800 Mastschweine erfolgte in den Jahren 1998 bis 2000. Das war auch die Zeit, in der ich mich entschied, auf dem Land zu Leben. Das kann man genau so sagen, denn damals erhielt ich von einer angesehenen Wirtschaftsberatungsgesellschaft ein tolles Angebot, nach München zu gehen und mächtig viel Geld zu verdienen. Die Entscheidung dem ländlichen Leben zu verfallen, habe ich Ende 1999 getroffen. Mit der Geburt unserer ersten Tochter Clara habe ich auch das Arbeiten in Dannenberg eingestellt. Von da an hieß es: Schweineställe sauber machen, Schweine verladen und Pferde füttern.

Eine tolle Zeit. Mit der Geburt unserer zweiten Tochter Merle gab es kein Entrinnen mehr aus dem landwirtschaftlichen Betrieb.

Eine Idee wird geboren ...

Mit jedem sauber gemachten Stall und versenktem Trecker (ich habe häufiger etwas kaputt gefahren ...) wurde uns klar: Es muss noch was anderes her. Und so kam es, dass wir uns Mitte 2004 für die frei werdende alte Dorfschule in Dünsche beim Gemeinderat bewarben. Mit einer klaren Struktur, die der Gemeinde wohl gefiel, erhielten wir die alte Dorfschule. Unser Konzept war, ein Angebot für Klassenfahrten, Schulausflüge und

Im Jägerlehrhof Wendland belegen immer häufiger Frauen einen Kurs für die Jagd-scheinausbildung (hier Teilnehmerinnen beim Zerwirken eines Rehbocks).

Unterbringungsmöglichkeiten für andere Gruppen zu schaffen. Die Idee war gut, aber leider gehen Schulklassen und andere Gruppen nur in der schönen und warmen Jahreszeit auf die Reise, sprich von April bis Oktober. Was passiert in dem Rest der Zeit?

Da kam uns eine weitere Idee: Wir eröffnen eine Jagdschule! Gesagt, getan. Wir hatten alles, was wir brauchten: Räume zum Unterrichten, eine direkte Lage zu einem Lehrrevier, einen Schießstand in unmittelbarer Nähe, Übernachtungsmöglichkeiten für die Jagdschüler sowie eine Prüfungskommission, die uns mehr als einen Prüfungstermin im Jahr zusagte. Also, auf ging's!

Am 1. Mai 2006 war es soweit. Ich hatte zur Eröffnung der Jagdschule noch keinen Jagdschein. Da bin ich gar nicht zu gekommen. Ich hatte einfach nicht die Zeit. So kam es, dass ich selber den zweiten Kurs meiner Jagdschule besucht und, wie erwähnt, die Prüfung auch bestanden habe.

Gab es Schwierigkeiten? Ja: Sogar echte Zweifel (meinerseits) und unverständliches Kopfschütteln in meinem Umfeld. Manche haben ganz offen gesagt: „Du spinnst!", andere haben hinter meinem Rücken getuschelt. So, wie es immer ist. Gerade die Akzeptanz meiner Familie fehlte, sowohl für die Jagdschule, als auch für den Jagdschein. Im Dorf hielten mich wahrscheinlich alle für bekloppt. Hierzu später noch eine Anekdote. Mit den Jagdscheinprüfern allerdings gab es nie Schwierigkeiten. Es war ja so, dass ich nur die Organisatorin war. Ausgebildet haben immer Menschen mit hervorragenden jagdlichen Erfahrungen. Jedenfalls habe ich von Seiten der Prüfungskommission nie ein negatives Wort gehört. Nur als ich durch die Schießprüfung gefallen bin, da gab es Ärger vom ehemaligen Kreisjägermeister: „Stell Dich bloß nicht so an! Sieh zu, dass Du das jetzt hinbekommst!" – hab ich dann ja auch.

Das Ziel muss erkämpft werden

Was meinen organisatorischen Job, die Akzeptanz der Kollegen und Ausbilder anging, da gab es keine Probleme. Es lief alles super. Mit dem Blick auf heute liegen natürlich verschiedene Fragen nahe, wie sich die Jagdschule entwickelt hat, welche Bereiche Spaß machen und wo es Schwierigkeiten gibt.

Wir haben im Jahr 2006 mit drei Kursen begonnen, von 2007 bis 2009 waren es jeweils fünf Kurse. Seit 2010 haben wir neun Kurse im Jahr – und alle sind gut besucht. Mit der Platzierung am Markt können wir sehr zufrieden sein. Wir tun unser Bestes, damit das auch so bleibt. Unsere Teilnehmerzahlen steigen stetig an: 2006 waren es 32 Jagdschüler, im Jahr 2011 hatten wir bereits 109 Kursteilnehmer.

Der Spaßfaktor? Naja, wenn ein 16 Stundentag vorbei ist, und wir es schaffen, mit einem Kurs am Lagerfeuer zu sitzen und ein Bier zu trinken, haben wir Spaß! Sonst auch, keine Frage. Aber es ist schon anstrengend. Die größte Freude ist, wenn am Ende eines Kurses alle bestanden haben und wir richtig feiern. Das gehört natürlich dazu. Oder wenn die Ehemaligen zu uns zum Jagen kommen und fast zu Freunden werden. Das freut uns richtig.

Ansonsten muss man sich das so vorstellen: Die Jagdscheinanwärter eines Kompaktkurses stehen regelrecht „unter Dauerstrom". Das Ziel ist nah und muss hart erkämpft werden. Nicht jeder geht da mit absoluter Leichtigkeit ran. So kommt es, dass man, neben Organisator und Betreuer, oft auch Psychologe ist und Nerven beruhigt, gut zuredet, macht und tut, egal zu welcher Tages- oder Nachtzeit.

Wenig Zeit für die eigene Jagd

Was nicht so gut läuft, ist das mit der eigenen Jagd. Das ist das wirklich Ärgerliche an der ganzen Sache. Wir betreiben diese Jagdschule mit so viel Passion, dass für einen selbst keine Zeit bleibt. Mir persönlich geht es richtig gegen den Strich, dass ich nicht oft rauskomme, oder wenn, dann nur unter Zeitdruck.

Meine Jagdgelegenheiten sind mal hier, mal dort. Seit kurzem bin ich an einem Hochwildrevier in der Nähe beteiligt, aber auch hier ist die Zeit ein begrenzender Faktor. Im Prinzip brauche ich zu allen Revieren, in denen ich jagen kann, nur drei bis zwölf Minuten Fahrzeit. Ich sitze sozusagen direkt an der Quelle. Überwiegend handelt es sich um Hochwildreviere. Eines davon liegt direkt am Ort. Es gehört einem wirklich passionierten und erfahrenen Jäger, von dem man sich allerdings so manche „Ohrfeige" einfängt, wenn etwas nicht so gut läuft. Direkt daran angrenzend liegt die Staatsforst, in der ich noch die Möglichkeit habe, zu jagen. Und auch ein Niederwildrevier steht mir zur Verfügung. Dort bin ich unterwegs, wenn die Zeit es denn zulässt.

Die erste Gesellschaftsjagd

Mit dem Jagen ging es gleich richtig los. Ich glaube, so zwei Wochen nach bestandener Jägerprüfung wurde ich in der Staatsforst zu meiner ersten Drückjagd eingeladen. Ich kann nur das bestätigen, was ein erfahrener Jäger und Jagdschein-Ausbilder einmal gesagt hat: „Fang bloß nicht mit einer Drückjagd an!" Aber in diesem Fall musste ich mit. Gesagt, getan. Bei dieser Jagd haben sich dann auch so ziemlich alle Klischees, die man sich vorstellen kann, bewahrheitet.

Ich wurde damals natürlich nicht alleine „losgelassen". Nein, ein mittlerweile guter Freund (Dirk Waldtmann, Redakteur bei der Zeitschrift „Pirsch") wurde dazu verdonnert, mich mitzunehmen – der Arme. Da reist er aus dem entfernten München an, um dann mit mir sitzen zu müssen. Aber: Er habe es gern getan – das sagte er zumindest. Es ging gleich beim Frühstück los: „Dirk, Du kannst doch jetzt kein Mettbrötchen mit Zwiebeln essen. Du sitzt doch gleich mit Claudia zusammen!" Ohrenbetäubendes Gelächter aller Grünröcke am Tisch. Meine Ohren wurden rot, aber nicht vom

Lachen! Na ja, so fing der Jagdtag gleich gut an. Bei der Einteilung am Sammelplatz hieß es: „Ach, Dirk und Claudia, Ihr müsst Euch keine Sorgen machen, um Euch herum sitzt niemand!" – wieder Lachen. Der Jagdleiter hatte es eigentlich so gemeint, dass wir im Schussbereich niemanden gefährden könnten, wir uns also keine Sorgen machen müssten. Alle anderen hatten es wohl anders verstanden ...

Einschneidendes Erlebnis

Der Jagdtag endete mit meinem ersten erlegten Stück Schalenwild. Fachmännisch angeleitet und durch Dirk unterstützt, habe ich das Stück geschossen – es lag im Knall. Beim Schüsseltreiben im Gasthaus, das auch von meiner Familie betrieben wird, hatte ich das nächste einschneidende Erlebnis. Hier war die Dorfgemeinschaft (eher die Frauen, denn die Männer saßen ja mit am Tisch der Jagdgesellschaft) der Meinung, ich hätte da nichts zu suchen. So kam es, dass eine langjährige Angestellte unseres Hauses mir meine Tochter an den Tisch brachte mit den Worten: „Kümmere Dich lieber mal um Deine Kinder." Puh, das war harter Tobak, es musste aber verkraftet werden. Ich habe dann aus Trotz bis zum Schluss durchgehalten und verließ als Letzte das gemütliche Beisammensein.

Danach bin ich aber immer allein losgezogen. Es ist einfach anders, wenn man allein ist. Bis ich meinen ersten Bock erlegt hatte, habe ich sage und schreibe 53 Ansitze gebraucht. Das war mächtig viel – und ich war entsprechend ver-

Im Jägerlehrhof Wendland wird auf Praxisnähe großen Wert gelegt.

zweifelt. Mir sind im Nachhinein viele Fehler unterlaufen. Da wären zu nennen: Das Stück ist nach dem Einstechen abgesprungen, ich bin mit dem Einrichten nicht fertig geworden und so weiter. Ach, falls es jemanden interessiert: Ich führe einen Repetierer M (Mauser) 98. Das Kaliber meiner Waffe ist 7 x 64. Männer zeigen immer viel Interesse für die Waffe.

Nachsuche war nicht eingeplant

Mittlerweile ist meine Lieblingszeit zum Böckejagen die Blattzeit. Das mit dem Blatten kann ich richtig gut – und so habe ich auch meine Ansitzzeiten wesentlich verkürzt. Ich hatte ja schon geschrieben, dass das mit der Zeit immer so eine Sache ist, aber ein Bei-

spiel macht es deutlich. Abendansitz, wieder Bockjagd: Gegen 21.10 Uhr, fast im letzten Büchsenlicht, steht der Bock auf einmal perfekt auf etwa 60 m breit. Alles bestens! Schuss! Doch dann: Mist! Was war das? Der Bock geht ohne zu zeichnen ab. Oh, nein! Ich hab doch getroffen – oder? Ich war genau auf dem Blatt – oder? Zweifel steigen auf. Tja, da muss der Hund her. Aber bis ich mich beruhigt und nachgedacht hatte sowie letztlich abgebaumt war, war es gegen 21.30 Uhr – und natürlich regnete es inzwischen in Strömen. Ich rief einen Ausbilder aus der Jagdschule an, der auch Nachsuchenführer war. Er vertröstete mich auf den nächsten Morgen: „Geh mal schlafen, das sehen wir morgen. Aber dann müssen wir uns beeilen, denn wir beide sollen doch spätestens um 8.00 Uhr auf dem Schießstand sein." Es lief gerade natürlich wieder ein Kurs, und eine Nachsuche war nun wirklich nicht eingeplant. So viel zur Zeit und der Jagdschule. Das Ende der Geschichte: Wir starteten mit der Nachsuche um 7.00 Uhr und beendeten sie um 7.20 Uhr. Der Bock lag 80 m vom Anschuss entfernt mit einem guten Blattschuss. Aber ohne Hund im Dunkeln hatte es keine Chance gegeben, ihn zu finden. So ist das eben.

Noch Etwas zur Jagd: Erstaunlich finde ich, dass man (frau) als Jäger/in den 30. April so anders erlebt. Der 30. April ist für Jäger das, was für Kinder die Nacht vor Heiligabend ist. Man schläft unruhig, freut sich diebisch auf den 1. Mai und den Aufgang der Bockjagd. Endlich geht es wieder los.

Aus Erfahrung wird man klug

Ist die Wahl der richtigen Kleidung zur Jagd wirklich ein Frauenproblem, oder einfach nur mein Ding? Ich weiß es nicht. Jedenfalls erwische ich mich immer wieder dabei, falsch angezogen zu sein. Mal zu warm (da kann man was ausziehen, nicht so schlimm), mal zu dünn, dann die falschen Schuhe. Besonders in der Übergangsphase gelingt es mir immer, auf dem Hochsitz so was von zu frieren, dass ich am liebsten nach einer Stunde wieder abbaumen will.

Hierzu auch noch eine kleine Geschichte: Auf einer Drückjagd wurde mir bitterkalt. Da hatten wir's schon wieder: Ich war falsch angezogen. Mir fiel ein, dass ich noch Heizpads im Rucksack hatte. Also, Hose bis übers Knie hochgezogen,

Socken runter und jeweils direkt auf ein Knie und unter die Füße ein Heizpad gelegt. Socken und Hose wieder darüber. Ich wartete auf wohlige Wärme, aber nach 20 Minuten stellte ich fest: Es wird heiß – und zwar richtig! Ich hätte mir vorher mal durchlesen müssen, dass die Pads bis zu 50 Grad heiß werden. Da habe ich mir schön die Knie und Füße verbrannt. Aber: Daraus lernt man!

Orientierungssinn – was ist das?

Es ist nicht hilfreich, wenn man sonst ganz plietsch ist, aber einen immer wieder der Orientierungssinn verlässt. So kommt es oft vor, dass ich mich verfahre. Schon bei normalen Strecken mit dem Auto geht ohne Navi gar nichts. Das kann anstrengend sein. Aber in unbekannten – oder auch bekannten – Revieren verfahre ich mich regelmäßig und lande auf dem falschen Sitz oder finde den Hochsitz erst gar nicht. Das ist immer sehr blöd. Ich lasse mir alles fünfmal erklären, bis ich weiß, wo ich hin muss.

Beispiel gefällig? „Claudia, wenn Du heute Nacht wieder auf Sauen willst, geh mal zum Maiglöckchenwald. Da waren sie gestern", sagte mir ein befreundeter Jäger. Maiglöckchenwald? Wo ist der denn? „Na Du weißt schon, die lange Bahn rein, an der dritten großen Eiche rechts, weiter geradeaus und dann kommst Du genau drauf zu." Alles klar soweit. Es war März, gegen 19.00 Uhr, der Mond war da, ich machte mich frohen Mutes auf den Weg. Ich fuhr einen langen Waldweg entlang, sah eine Eiche. Das Auto ließ ich weit weg stehen. Es war ein richtig schöner Abend, um zu jagen. Nur eines fand ich nicht: den Hochsitz im Maiglöckchenwald. So viel zu meinem Verständnis von Wegbeschreibungen ...

Alle fiebern mit

Abschließend bleibt mir zu sagen, dass meine Familie sich komplett an mich als Jägerin und Inhaberin einer Jagdschule gewöhnt hat. Mittlerweile geht das über die reine Akzeptanz hinaus. Oft merke ich, dass sie stolz sind. Sie fiebern mit, wenn ein Kurs in die Prüfung geht. Mein Alltag ist anders, keine Frage. Aber es macht Spaß mit allem, was anders ist, umzugehen. Die Mühe, der Stress –

im Nachhinein lohnt es sich, wenn ich in die strahlenden Gesichter der frisch gebackenen Jungjäger blicke.

Zur Person

Name: Claudia Sültemeier
Beruf: Jagdschulinhaberin
Wohnort: Dünsche
Alter: 39 Jahre
Familienstand: verheiratet, zwei Töchter
Jagdschein: 2006 im Jägerlehrhof Wendland in Dünsche erworben

Mehr Informationen im Internet unter:
www.jaegerlehrhof-wendland.de

Text: Claudia Sültemeier,
Fotos: Claudia Sültemeier (2), Katrin Burkhardt (3)

Praxistipp: Pirsch im Blätterwald – Literatur für Jäger/innen

Wer sich gerne weiterbilden, Neues erfahren oder einfach nur schmökern möchte, für den gibt es hier ein paar interessante Literaturtipps:

Fachbücher (alle Verlag Müller Rüschlikon):
- Wildverwertung praktisch, Carsten Bothe/Jens Kollmorgen
- Einfach Wild, Bettina Diercks
- Jagen für Jungjäger, Andreas David/Peter Burkhardt
- Ein Jahr im Rotwildrevier, Peter Burkhardt
- Jagdhunde-Ausbildung, Gert G. von Harling/Carsten Guhrmann
- Unter Rehen, Andreas David

Lesens- und Sehenswert:
- Der Keiler aus dem Königsmoor und andere Jagdgeschichten, Seeben Arjes, Verlag Neumann-Neudamm
- Mein Hundebuch, Rien Poortvliet, Verlag Paul Parey
- Schwanenhals, Christian Oehlschläger, Verlag Emons
- Jagdlust: Warum es schön, gut und vernünftig ist, auf die Pirsch zu gehen, Eckhard Fuhr, Verlag Bastei Lübbe

„Frauen werden jagdliche Fehler weniger schnell verziehen, weil der Einbruch in diese Jahrtausende alte Männerdomäne immer noch hier und da mit Argwohn betrachtet wird."
Katrin Schaal

Eintauchen in die Natur

Interview mit Katrin Schaal, Zahnärztin

Welche Gründe haben Sie bewogen, Jägerin zu werden?

Katrin Schaal: Als ich 26 Jahre alt war, wollte ich meinen damaligen Freund zur Jagd begleiten und ihn bei der Revierarbeit unterstützen. Daher habe ich den Jagdschein gemacht.

Wo jagen Sie?

Ich habe eine eigene Niederwildjagd (mit drei Stück Rotwild als Standwild) auf dem landschaftlich so vielfältigen Höhbeck im nordöstlichen Teil von Niedersachsen. Da ich beruflich in der Woche in Hamburg tätig bin, habe ich nur an den Wochenenden Zeit, jagen zu gehen.

Jagen noch weitere Familienmitglieder bei Ihnen?

Nein, ich habe kein jagdliches Familienleben.

Wie reagieren nichtjagende Freunde, Kollegen oder Bekannte, wenn sie erfahren, dass Sie Jägerin sind? Gibt es Streitpunkte/Diskussionen? Wie erklären Sie sich und Ihre Passion?

Nichtjagende Menschen aus der Großstadt stehen der Jagd oft nicht nur kritisch, sondern sogar aggressiv gegen-

über. Solche Einstellungen versuche ich nicht zu bekehren, sondern lasse sie bei ihrem Tierschutzgedanken. Gesprächspartner mit echtem Interesse gebe ich gern umfassend über unser Wirken Auskunft. Freunde und Nachbarn in meinem jagdlichen Umfeld gehen völlig selbstverständlich damit um.

Haben Sie das Gefühl, als Jägerin mehr leisten zu müssen oder zu wollen als die männlichen Mitjäger?

Ja, ich glaube Frauen werden jagdliche Fehler weniger schnell verziehen, weil der Einbruch in diese Jahrtausende alte Männerdomäne immer noch hier und da mit Argwohn betrachtet wird. Bei jüngeren Jägern (unter 50 Jahre) ist dieses Denken immer weniger ausgeprägt. Frauen haben allerdings meiner Meinung nach auch nicht das Gefühl, sie müssten sich bei der Jagd darstellen, wie es manche Männern tun, zum Beispiel mit dem ständigen Tragen eines Messers oder gar einer Kurzwaffe am Hosenbund.

Es gibt nun einmal einen Unterschied zwischen Frauen und Männern. Aber jagen Frauen auch anders als Männer? Jagen Frauen umsichtiger/vorsichtiger? Gibt es unter Frauen weniger Jagdneid?

Ob Frauen umsichtiger jagen als Männer, ist für mich nicht zu beurteilen. Ich kenne

Katrin Schaal ist am Wochenende häufig in ihrem Revier zur Jagd.

wohl nur Jägerinnen, die für mein Dafürhalten gut ansprechen, gut schießen und verantwortlich handeln. Der Jagdneid ist mir völlig fremd. Sicher gibt es ihn bei Frauen wie bei Männern. Ich halte diese Eigenschaft nicht für geschlechterspezifisch. Ich habe allerdings bei der Jagd noch nicht erlebt, dass ich als Frau benachteiligt wurde. Bei bestimmten Dingen brauchen Frauen einfach Hilfe. Ich kann zum Beispiel keinen Sack, der 100 kg wiegt, tragen – oder schwere Arbeiten alleine im Revier erledigen (Hochsitz aufstellen ...). Dafür nehme ich gerne Hilfe in Anspruch. Was ich schon manchmal von Männern gehört habe, ist eine Zensur beim Schießen: „Wie konntest Du nur so weit schießen?" So lange das Stück liegt und ich mir den Schuss zutraue, spielt die Entfernung doch keine Rolle.

Jagen Sie lieber mit Frauen und/oder Männern zusammen?

Ich jage mit beiden gleich gern, Hauptsache nicht alleine. Wenn die Leute nett sind und etwas Inhaltliches zu sagen haben, ist es mir egal, ob es Frauen oder Männer sind. Mir ist aber wichtig, dass meine Mitjäger/innen ihr Handwerk verstehen und sauber jagen. Bei uns in der Gegend steht sowieso das Gemeinschaftliche im Vordergrund und die Gruppen sind in der Regel gemischt.

Wie sieht es bei Ihnen aus: Verwerten Sie das Wildbret selber? Wird es vermarktet?

Mein Wildbret verwerte ich zum größten Teil selbst, aber ich veräußere es auch im Bekanntenkreis, wenn jemand etwas haben möchte.

Bereits beim Aufbaumen hat Jägerin Katrin Schaal etwas entdeckt ...

... guter Schuss, das Stück liegt – und die Jägerin freut sich!

... ein Bock steht auf der Wiese ...

Gibt es Tipps und Tricks, die Sie aus eigenen Erfahrungen an andere Jägerinnen weitergeben würden?

Ich glaube, dass Menschen vornehmlich bei der Jagd Individualisten sind. Daher halte ich nichts von Ratschlägen, jeder sollte eigene Erfahrungen machen. Lediglich Kochrezepte kann man gut weitergeben. Mir selber fehlen zum Beispiel gute Bezugsquellen für Jagdkleidung, besonders auch für schmale und zierliche Frauen.

Was fasziniert Sie an der Jagd?

Mich fasziniert an der Jagd die Berührung mit der Natur. Und ich genieße die

Die Zahnärztin jagt gerne mit Freunden zusammen in ihrem Revier.

Ruhe, die ich finde und aufbringen muss, um in den Ablauf der Natur einzutauchen. Außerdem freue ich mich über die Erlebnisse, die ich bei der Jagd mit dem Wild haben kann.

Besonders Spaß macht mir auch die Arbeit mit meiner Hündin. Zum einen begleitet sie mich häufig beim Ansitz und macht mich dann oft, schon lange bevor ich überhaupt etwas mitbekomme, auf anwechselndes Wild aufmerksam. Ich habe sogar einige Sitze so umgebaut, dass meine Hündin neben mir sitzen kann. Zum anderen arbeite ich einfache Nachsuchen mit ihr. Wenn wir dann am Ende das Stück zusammen

gefunden haben, ist die Freude riesengroß – das ist ein tolles Gefühl.

Zur Person

Name: Katrin Schaal
Beruf: Zahnärztin
Wohnort: Hamburg und Brünkendorf
Alter: 48 Jahre
Familienstand: ledig
Jagdschein: 1990 erworben bei der Jägerschaft Winsen
Hundeführerin

Text: Katrin Schaal, Fotos: Katrin Burkhardt

„Ich bin nur bereit, mit Vegetariern über das Für und Wider der Jagd zu diskutieren – Fleischessern gehen schnell die Argumente aus."
Sabine Schüssler

Die Bäuerin mit Passion für Jagd und Natur

Ein Portrait über Sabine Schüssler, Bäuerin und Pfarramtssekretärin

*S*abine Schüssler vereint gleich mehrere Berufe in einer Person: Sie ist Bäuerin, Pfarramtssekretärin, eine begnadete Gärtnerin, Hundeführerin – und sie arbeitet ehrenamtlich im Vorstand des Hochwildrings Göhrde sowie in der Prüfungskommission für Jagdscheinanwärter im Landkreis Lüchow-Dannenberg mit. Hinzu kommt, dass ihr Mann Gebhard derzeitiger Kreisjägermeister ist. Dieses Amt bringt zahlreiche Veranstaltungen mit sich, zu denen Sabine Schüssler ihren Mann begleitet. In erster Linie sind die Schüsslers aber Landwirte. Sie bewirtschaften einen größeren Betrieb am Rande der Göhrde. Zur Familie gehören die drei erwachsene Kinder. Neben der Jagd ist der traumhafte Bauerngarten Sabine Schüsslers zweites Hobby. Bleibt bei so viel Engagement für Hof, Familie, Ehrenämter und Hobbys noch Zeit für das Jagen? In diesem Portrait erzählt die 50-Jährige mit dem Herz für Wild und Natur, dass die Jagd durchaus zu ihrem ausgefüllten Leben gehört.

Mein Großvater mütterlicherseits jagte im Winter und ging im Sommer seinem Beruf als Fischer auf der Elbe nach. Nach Kriegsende lebten meine Eltern in Mecklenburg-Vorpommern und flüchteten von dort 1950 durch die Elbe. Ich wurde bereits im Westen geboren. Meine Großeltern blieben vorerst noch an der Elbe und wurden dann zwangsausgesiedelt. Ab 1961 verbrachten wir die meisten Ferien bei meinen Großeltern. So lebte mein jagender und fischender Großvater später an einem großen See und lehrte mich das Angeln und Rudern. Ich durfte samt Drahthaar und Teckel auch mal mit zur Jagd. In meiner Familie war er der einzige Jäger. Vieles war mir lieb und teuer. Als ich meinen Mann und seine Familie kennen-

lernte, kam zwar viel Neues auf mich zu, aber durch meinen Großvater als Kind an die Jagd herangeführt, fühlte ich mich in dieser neuen Familie schnell wohl und heimisch.

Jagdliche Familienleben ist bunt

Heute, als Bäuerin und Jägerin, bejage ich unsere eigenen Flächen in einem Hochwildrevier an der Göhrde. Dies empfinde ich als Geschenk: auf einer Fläche die mir anvertraut ist, zu jagen oder einfach nur die Natur zu genießen. Das Revier zu gestalten, unseren Wald und die Felder vor Wildschaden zu schützen – mich mit einfach diesem Fleckchen Erde zu verbinden, bereitet mir eine große Zufriedenheit. Auch Biotope zu verbessern und die Entwicklungen des Revieres zu beobachten, ist für mich immer wieder spannend. Ich finde es sehr interessant, einen Großteil meiner Freizeit damit zu verbringen.

Bei uns jagen von fünf Familienmitgliedern vier: mein Mann, meine Söhne und ich – gemeinsam mit unserem Labrador-Rüden „Iven" nicht zu vergessen ... Unser jagdliches Familienleben ist bunt. Mein Mann ist ein eiserner Jäger, der die Dämmerung, die Nacht und Drückjagden bevorzugt. Ich sitze ausschließlich an und baume ab, wenn es zu dunkel wird, um das Wild zuverlässig anzusprechen. Unser ältester Sohn jagt fast ausschließlich auf Drückjagden, sitzt manchmal in Forstkulturen an. Unser jüngster Sohn pausiert gerade. So tauschen wir uns über unsere unterschiedlichen Beobachtungen und Erlebnisse aus. Unsere Tochter, als einzige Nicht-Jagdscheininhaberin, lauscht dann gespannt. Sie wartet noch auf eine zeitlich passende Gelegenheit, die Jagdprüfung zu absolvieren. Sie sagt allerdings bereits im Vorfeld, dass sie anschließend gar nicht jagen möchte. Sie bendeidet uns aber um das Wissen, das wir im Rahmen des Jagdscheins und des Jagens erworben haben und möchte das ändern.

Guter Schuss ist oberste Pflicht

Von ganz wenigen hochgezogenen Augenbrauen abgesehen, begegneten mir negative Erfahrungen und Diskussionen mit Nichtjägern kaum. Das liegt vielleicht auch daran, dass mich so viele Jagende auch in meiner Freizeit und in meinem Umfeld umgeben und ich

Sabine Schüssler (links) nimmt in ihrer Freizeit unter anderem Prüfungen für Jungjäger ab (rechts: Claudia Sültemeier, s. Seite 50ff).

Sabine Schussler und ihr Labrador-Rüde „Iven" erfreuen sich bei gemeinsamen Entenjagden an dem Können guter Schützen.

mich dort nicht erklären muss. Ich bin ohnehin nur bereit, mit Vegetariern über das Für und Wider der Jagd zu diskutieren, Fleischessern gehen schnell die Argumente aus.

Ich erwarte von anderen nicht mehr als ich selber leisten kann

Das Gefühl, mehr leisten zu müssen als männliche Jäger, ist mir noch nicht begegnet. Allerdings ist mein eigener Anspruch an mein Jagen hoch. Ich führe keine Flinte, außer auf dem Stand, da meine Trefferquote grauenvoll ist und für mich der gute Schuss zur obersten Pflicht gehört. Es ist mir einmal passiert, dass ich einen Bock krankgeschossen habe – das hat mich fast dazu gebracht, die Büchse ganz wegzustellen. Es hat lange gedauert, bis ich wieder Vertrauen zu mir hatte, und mit dem wohlgemeinten „Das kann jedem mal passieren", war mir auch nicht geholfen.

Auch ist dies ein Grund für mich, nicht mehr zu Drückjagden zu gehen. Sollte mir dort ein Fehler unterlaufen, könnte ich es mir nicht verzeihen. Ich gebe aber auch zu, dass ich bei dieser Art von Jagd nicht schnell entschlossen genug bin. Ich brauche meine Bedenkzeit und das Erwägen des Für und Wider.

Aber ich führe gerne meinen Hund, freue mich am Ententümpel neben einem guten Flintenschützen zu stehen und bewundere sein Können (mein Hund auch). Ich arbeite gern solche Jagden mit dem Hund nach. Mir begegnen immer wieder Jäger, die es hoch anrechnen, wenn man einen gehorsamen,

zuverlässigen und klugen Hund (nach dem Motto: „Lieber einen Faulen, als einen Dummen") führt. Sie schätzen es, wenn man ein gutes Gespann bildet, da sie wissen, wie viel Arbeit hinter einer Ausbildung steckt. Ich erfreue mich an ihrem Können, und sie sich am Können meines Hundes – gute Partie, alles quitt, oder? Verzicht fällt mir da überhaupt nicht schwer.

Mein jetziger Lebensabschnitt bringt eine wunderbare Gelassenheit mit sich, so dass ich einfach davon ausgehe, dass alle mich so nehmen, wie ich bin. Ich muss und will nicht mehr leisten als andere und erwarte es auch nicht von anderen Jägerinnen.

Ich ernte auch, keine Frage

Die meisten Frauen jagen anders als Männer, die Beute ist nicht das höchste Ziel. Mein Schwiegervater sagt immer: „Mädel, bis Du Dich zum Schuss entschieden hast, ist die Jagd vorbei." Das überdenke ich so oft. Dann beschränke ich mich auf das weitere Beobachten des Wildes, erfreue mich an der üppigen Natur, den Geräuschen, Farben, am Licht, an meiner Freiheit. Aber ich ernte auch, keine Frage.

Mir ist unter Frauen noch kein Jagdneid begegnet, nur das Motto „gönnen können". Allerdings kenne ich einige recht verbissene, sehr ehrgeizige Jagdhundführerinnen, denen gehe ich lieber aus dem Weg, sie strengen mich einfach zu sehr an. Ich schätze das gemeinsame Jagen, mit Frauen und Männern gleichermaßen.

Mein alter Ex-Hegeringleiter Rudi Gruse wurde bei meinem ersten Schüsseltreiben, bei dem er mir mit 80 Jahren gegenüber saß, gefragt (natürlich mit einem Seitenblick auf mich), was er denn von „jagenden Frauen" hielte. Er überlegte und sagte: „Wenn sie denn weidgerecht jagen, ist mir das Geschlecht egal." Eine wunderbare Antwort finde ich, sie ließ mich damals und heute schmunzeln. Er hat es großartig auf den Punkt gebracht.

Wir verwerten nur einen geringen Teil unseres Wildbrets selber. Ein Freund von uns macht das viel professioneller als wir. Die Stücke, die ich behalte, verwerte ich gern mit der Familie in der Küche. Es gibt ja Männer, die ihren Frauen ein rohes Schwein mit nach Hause bringen, sich hinterher vor ein duftendes Wildgericht setzen, ohne jemals über die Zwischenstufen nachzugrübeln.

Ausrüstung: Qualität geht vor!

Gott sei Dank, hat sich auf dem Sektor Bekleidung viel Gutes getan. Kaufte ich seinerzeit eine warme Herrenansitzhose in Bauchgröße 23, denn etwas anderes fand ich nicht, so gibt es heute eine Vielzahl von Ausrüstern, die sich auf alle Bedürfnisse von Frauen eingestellt haben. Die Outdoor-Branche boomt und wir Jägerinnen können davon gut profitieren. Besonders erfreut mich das Angebot der Firma Fjällräven, in dessen Kollektion ich mich als Frau gut fühle, da sie meinen weiblichen Aspekt nicht außer Acht lässt. Nur weil ich jage, muss ich keine Sachen mehr tragen, die eigentlich für Männer geschnitten sind.

Ich fühle mich sehr wohl in funktioneller Kleidung, die robust ist, auch noch gut sitzt und schick aussieht sowie außerdem noch Praxis tauglich ist.

In Bezug auf die Ausrüstung lohnt es sich, immer erst einmal etwas auszuprobieren und mit anderen Jägern zu sprechen, was wirklich gebraucht wird und sinnvoll ist. Leider wird viel Geld für Artikel ausgegeben, die man nicht wirklich braucht, die dann nur herumliegen und irgendwann sonstwo landen. Lieber eine qualitativ hochwertige Hose kaufen als zwei billige – und eine Funktionsjacke mit einzippbarem Futter für die Übergangzeit und eine warme für den Winter als drei verschiedene Jacken. So kann ich alles in den Taschen belassen, muss nicht ständig umpacken.

Mein Schwiegervater schenkte mir zum Jagdschein seine wundervolle alte Büchse, einen 98er, Kaliber 8 x 57. Darüber mag so mancher schmunzeln, mir ist sie so vertraut, auch auf dem dunklen Hochsitz, da muss ich gar nicht nachdenken, das ist wie das Kuppeln beim Autofahren, so muss es sein – für mich jedenfalls. Diese Büchse hat dann ein gutes neues Glas bekommen und seitdem begleitet sie mich. Und auch hier gilt: Qualität geht vor.

Zahnräder der Natur

Ich liebe den Ansitz, für die Pirsch bin ich zu ungeduldig – pirschen gehen, heißt pirschen stehen ... Das liegt mir leider nicht, aber es wäre eine Variante, die ich vielleicht noch einmal erlernen kann, dann in jedem Fall zur großen

Freude meines Hundes. Eine Lieblingswildart habe ich nicht. Ich finde allerdings die Jagd speziell auf den Fuchs, aber auch anderes Raubwild am aufregendsten – warum auch immer.

Mich faszinieren am meisten die Zahnräder, die in der Natur so selbstverständlich ineinandergreifen, ohne unser Zutun, wobei wir immer denken, dass wir über unsere Köpfe so viel beeinflussen können. Was ist ein Menschenalter im Verhältnis zur Evolutionsspanne? Mein Anspruch ist: die Natur zu schonen und zu schützen, gegebenenfalls zu unterstützen, um sie an folgende Generationen und unser Land an unsere Kinder weitergeben zu können. Außerdem bemühe ich mich, dass ich Erhaltenswertes im langfristigen Bewusstsein habe, Neues offen, aber kritisch beleuchte und alte unbewährte Zöpfe auch mal

abschneide. Ich hoffe, später einmal sagen zu können, dass ich in meiner Lebensspanne die Dinge, die in meiner Macht lagen, verantwortungsvoll behütet und begleitet habe.

Zur Person

Name: Sabine Schüssler
Beruf: Bäuerin und Pfarramtssekretärin
Wohnort: Plumbohm
Alter: 50 Jahre
Familienstand: verheiratet, drei erwachsene Kinder
Jagdschein: 2000 im Landkreis Lüchow-Dannenberg erworben
Hundeführerin, ehrenamtliche Arbeit im Vorstand Hochwildring Göhrde und in der Kommission für Jägerprüfungen im Landkreis Lüchow-Dannenberg

Text: Sabine Schüssler und Katrin Burkhardt,
Fotos: Luzie Schüssler

Praxistipp: Die passende Ausrüstung für die Pirsch

1.) **Zielstock:** Zwei- oder Dreibeiner zum Ausziehen mit verstellbarer Höhe.
2.) **Tarnkleidung** für Körper, Kopf und Hände – zum Beispiel ein der Umgebung angepasstes Tarnmuster in Rot- oder Erdfarben oder Anzug in Blätteroptik aus wasserabweisendem Material.
3.) **Richtiges Schuhwerk:** gut „eingelaufen" (zum Beispiel spezielle Pirschstiefel), wasserdicht.
4.) **Fernglas (im Feldrevier):** mit 10 bis 12-facher Vergrößerung und einem Objektivdurchmesser zwischen 40 und 50 mm.
5.) Eventuell Laser-**Entfernungsmesser**.
6.) Leichter **Bergegurt**, Band zur **Anschussmarkierung**.

Foto: Peter Burkhardt

Wenn Frauen jagen ...

*W*as passiert, wenn eine der letzten Männerbastionen zu wanken droht? Ilka Dorn, Redakteurin der Zeitschrift HALALI, macht Jagd auf Klischees. Ein fröhlicher Schusswechsel zwischen Mann und Frau.

Ja, ich stehe dazu: Ich bin eine Frau, und ich gehe seit 20 Jahren zur Jagd. Und natürlich fing ich mir, als ich damals während meines Studiums den Jagdschein machte, ein paar scheele Blicke ein. Aber das war eigentlich schon alles an Despektierlichkeiten, die mir in meiner Laufbahn als Jägerin unterkamen.

Ach ja, mit noch einer Ausnahme: Als ich vor Zeiten in Österreich zur Gamsjagd eingeladen war, sollte ich erst einmal einen Probeschuss abgeben. Im Grunde verlangte der Jagdaufseher damit nichts Ungewöhnliches. Verdächtig schien mir jedoch, dass mein Freund, mit dem ich zusammen dort ankam, keinen Beweis seiner Treffsicherheit abliefern musste. Vielleicht lag's einfach an meiner modischen Entgleisung, die ich in Form eines nagelneuen Jagdhuts mit bunter Indianerfeder auf dem Kopf trug. Das Unikum sah wohl in den Augen eines braven Jagdaufsehers kapriziös und wenig weidmännisch aus.

Ansonsten kann ich mich nicht beklagen. Meine Jagdfreunde behandeln mich mit dem gleichen Anstand und Respekt, den sie sich auch untereinander zollen. Sie belächeln mich nicht und drangsalieren mich auch nicht mit zotigen Geschichten jenseits des guten Geschmacks.

Diskussion ist einfach müßig

Sicher, Frauen jagen anders. Aber zur Pauschalisierung eignen sich solche Nuancen kaum. Und die Debatte, ob Frauen im Vergleich zu Männern nicht doch die besseren Jäger sind, möchte ich auch nicht erneut lostreten. Die finde ich genauso müßig wie die Diskussion, ob Frauen die besseren Manager, Autofahrer oder Politiker sind. Also kann ich nur mit meinen persönlichen Vorlieben dienen. Jeder Jäger hat seine individuellen Präferenzen, was Wild, Jagdart oder Jagdzeit angeht.

In einigen praktischen Zügen unterscheiden sich meine von denen meines Mannes. Ich liebe den Ansitz am Abend, während er die Morgenpirsch bevorzugt. Das trifft sich gut: Unsere Kinder bleiben dann an den gemeinsamen Jagdwochenenden nie allein. Ich bevorzuge die Jagd auf den Bock, mein Mann stellt hingegen mit genauso großer Leidenschaft dem weiblichen Rehwild nach. Und bei der Niederwild-Treibjagd nehme ich die Flinte erst gar nicht mit. Aber wenn's um die Sauen geht, sind wir beide mit dem gleichen Enthusiasmus dabei. Dann werden Bejagungstaktiken und Windalternativen erörtert, Strategien für den Nachtansitz abgesprochen, und Stunde um Stunde wird auf dem Hochsitz verharrt.

Leider fährt mir als Frau an diesem zugigen Ort oft eine kleine naturbedingte Benachteiligung in die Glieder: Mir wird kalt! Und wenn ich friere, friere ich richtig – dann will ich stante pede nach Hause. Da können noch so viele technische Raffinessen in die Thermo-Funktionskleidung eingebaut sein – sind die Füße erst mal kalt oder die Finger klamm, werde ich übellaunig.

Hilfe ist reine Höflichkeit

Unlängst las ich in der Presse, dass die „Männerbastion Jagd" ins Wanken geriete und immer mehr Frauen auf die Pirsch gingen. An sich nichts Neues und grundsätzlich eine erfreuliche Entwicklung. Bedauerlich nur, dass damit verbunden immer auch die üblichen Stereotypen und Ressentiments in Anschlag gebracht werden: Sofort wird mit grober Denunziations-Munition wie Stöckelwild, Lippenstift-Diana oder Flintenweib über den Stammtisch geschossen. Und warum wird der Frau die Befähigung zur roten Arbeit nach dem Schuss abgesprochen? Wieso ist eine Diskussion über Waffen in Jägerinnenhänden überhaupt noch aktuell?

Glücklicherweise fühle ich mich frei von dem Zwang, mich bei der Jagd unter Beweis stellen oder mit Männern in einen Wettbewerb treten zu müssen. Ich

fröne der Jagd, weil sie mir Spaß macht. Und weil ich eine gute Jägerin bin. Ich jage zu meinem persönlichen Vergnügen. Dass ich dabei alle anfallenden Arbeiten selbst erledige, ist selbstverständlich.

Aber so wie mir mein Mann beim Bergen einer Sau aus dichtem Unterholz zur Hand geht, stellen wir die neuen Ansitzleitern im Revier gemeinsam auf. Und wenn mein Mann mir manchmal anbietet, den Bock für mich aufzubrechen, verbirgt sich dahinter kein Seitenhieb auf mein vermeintliches Unvermögen oder auf meine zartbesaitete Frauenempfindlichkeit, sondern Höflichkeit und Liebenswürdigkeit. Schließlich hält er mir beim Betreten eines Restaurants ja auch die Tür auf. Eine Gefälligkeit, die ich genauso gerne und dankend annehme.

Zur Person

Name: Ilka Dorn
Beruf: Geschäftsführerin
Wohnort: Krefeld
Alter: 43
Familienstand: verheiratet, zwei Kinder
Jagdschein: 1991 im Kreis Siegen erworben
Hundeführerin

Mehr Informationen im Internet unter:
www.halali-magazin.de

Text und Foto: Ilka Dorn

„Die Jagd nimmt meiner Meinung nach in Deutschland insgesamt einen großen Stellenwert ein. Man kann sie als Beruf, Lebenseinstellung, Leidenschaft, Hobby, Sport oder Passion verstehen."

Wiebke Krenzel

Traumberuf Försterin

Interview mit Wiebke Krenzel, Revierassistentin

**itte erzählen Sie kurz etwas zu Ihrem Umfeld und Werdegang.**

Wiebke Krenzel: Ich bin in einem Forsthaus mitten im Wald im Elbhavelwinkel aufgewachsen. Meine Mutter Ines ist seit 1985 Revierförsterin. Sie betreut ihr Revier „Kater" in Rathenow. Mein Vater Christoph ist Forstwirt und hat seit 1992 ein forstwirtschaftliches Dienstleistungsunternehmen. Dann gehört noch meine Schwester Frauke zu unserer Familie. Sie studiert derzeit an der Fachhochschule in Eberswalde Ökolandbau und Vermarktung. Ich selber habe auch in Eberswalde studiert, allerdings Forstwirtschaft. 2009 habe ich dort meinen Bachelor gemacht. Danach ging es zum Anwärterjahr bei den Niedersächsischen Landesforsten ins Forstamt Ahlhorn. Seit Januar 2011 arbeite ich als Revierassistentin bei der Gräflich von Bernstorff'schen Forstverwaltung im niedersächsischen Gartow.

Ihre familiäre Herkunft lässt darauf schließen, dass Sie Ihre Kindheit in einer sehr forstlich geprägten Umgebung verbracht haben. Demnach waren Sie schon immer naturverbunden?

Ja, ich hatte schon immer Interesse an Wald und Forst. Wenn man wie ich mitten im Wald aufwächst, ist eine gewisse Naturverbundenheit naheliegend. Als Kind war ich immer schon gerne und viel an der frischen Luft unterwegs. Meine Eltern haben mich insofern beeinflusst, weil sie beide jagen und mich häufig mit zum Ansitz genommen haben. Ich habe aber auch schon früh beim Pflanzen oder Auszeichnen mitgeholfen. Außerdem reite ich sehr gerne und erkunde hoch zu Ross die Natur.

Dann war der Weg zum Forststudium ja geradezu vorgegeben.

Allerdings. Da ich von klein auf eng mit der Natur verbunden bin, fühle ich mich draußen „zu Hause". Als Försterin kann ich nicht nur selbstständig arbeiten, sondern auch die Waldbewirtschaftung koordinieren und bin gleichzeitig viel draußen. Der Wald bietet so viele interessante und vielfältige Facetten. Das macht den Beruf so abwechslungsreich.

Zukunftsaussichten sind gut

Noch bist du Revierassistentin und hast keine feste Stelle – wo würdest du gerne arbeiten?

Ich würde gerne ein eigenes Revier betreuen, also keine Innendienststelle, und das am liebsten in Brandenburg, Sachsen-Anhalt, Niedersachsen oder Mecklenburg-Vorpommern, weil ich gerne mög-

Wiebke Krenzel (Mitte) arbeitet zurzeit als Revierassistentin. Zu ihren Aufgaben gehören auch Veranstaltungen mit Schülern aus der Grundschule.

lichst nah an meiner Heimat bleiben würde. Ich mag das flache Land, die Weite – und nicht eine Gegend, wo ich nicht sehe, was hinter dem nächsten Berg kommt.

Mit 25 Jahren sind Sie noch sehr jung. Wie sehen Ihrer Meinung nach die Zukunftsperspektiven für Ihren Traumberuf als Försterin aus?

Ich habe immer zielstrebig auf den Försterberuf hingearbeitet. Er hat meiner Meinung nach eine echte Zukunft. Aufgrund der momentanen eher hohen Altersstruktur der derzeitigen Förster, habe ich gute Chancen, eine Försterei übernehmen zu können.

Welche Rolle spielt die Jagd für Sie? Ist sie nur beruflich von Bedeutung oder gehen Sie auch privat gerne jagen?

Für mich ist die Jagd sowohl beruflich, als auch privat wichtig. Außerdem ist der Jagdschein eine Voraussetzung, um als Försterin arbeiten zu können. Als Förster muss man auf Wald verträgliche Wildbestände achten, so dass zum Beispiel Naturverjüngung auch ohne Zaun wachsen kann. Hinzu kommt, dass Wildbret ein hochwertiges Lebensmittel ist, das ich durch die Jagd erwerben kann.

Wo und wann haben Sie Ihren Jagdschein gemacht?

79

Ich habe ihn 2008 während meines Studiums in Eberswalde gemacht.

Warum gehen Sie gerne jagen?

Zunächst einmal faszinieren mich die verschiedenen Wildarten an sich. Dann genieße ich das Zusammenspiel von Ruhe auf der einen, aber Wachsamkeit auf der anderen Seite. Jagd besteht häufig aus spannendem Warten, ob, wann, wo und was kommt. Beruflich sehe ich natürlich, dass man durch die richtige Bejagung gezielt in den Waldbau eingreifen kann – und auch muss. Ich finde es herrlich die Natur zu erleben, besonders in den unterschiedlichen Jahreszeiten. Ich mag die Tradition und das Brauchtum sowie die Hege und Pflege – das hängt alles mit der Jagd zusammen. Zudem finde ich das Jagen mit Hunden immer wieder spannend. Abgesehen davon ist Wildbret für mich das gesündeste Lebensmittel. Ich weiß, woher es kommt, habe es im Zweifel selbst erlegt – mehr „Bio" geht doch gar nicht.

Für mich umschreibt Heinrich von Gagem die Jagd sehr treffend:
„Jagd ist Schauen, Jagd ist Sinnen,
Jagd ist Ausruhen, Jagd ist Erwartung,
Jagd ist Dankbarsein,
Jagd ist Advent, Jagd ist Vorabend,
Jagd ist Bereitung und Hoffnung."

Gerade jagdlich-forstlich wird viel das Thema „Wald vor Wild" diskutiert. Wie ist Ihre Meinung dazu?

Das Ziel der modernen Forstwirtschaft sind erträgliche Wildbestände für den Wald. Standortheimische Baumarten sollten sich, wenn möglich, ohne Schutzmaßnahmen wie Zäune und Gatter verjüngen können. Es sollte eine Balance geschaffen werden beziehungsweise als Förster sollte man das Gleichgewicht zwischen Wald und Wild fördern, also eher nach dem Motto „Wald MIT Wild". Wenn allerdings der Wald Gefahr läuft, vom Wild übernutzt zu werden, hat die Erhaltung des Ökosystems Wald oberste Priorität – noch vor den hegerischen Interessen der Jäger.

Jagen mit dem gleichen Ziel

Haben Sie das Gefühl, als Frau forstlich oder jagdlich mehr leisten zu müssen als Ihre männlichen Kollegen?

Nein, bestimmt nicht. Früher war „Förster" vielleicht noch ein reiner Männerberuf, aber mittlerweile gibt es immer mehr Frauen, die ihn ergreifen. Auch als Frau kann man sich durchsetzen und genauso viel oder wenig leisten. Lustigerweise stand in einer Beurteilung, die ich bekommen habe: „Wir sind uns sicher, dass aus ihr ein guter ForstMANN wird." Bei meiner jetzigen Stelle in Gartow habe ich allerdings auch ein gutes Umfeld und tolle Kollegen, mit denen ich super klarkomme.

Auch an Sie die Frage: Finden Sie, dass Frauen anders jagen als Männer?

Vielleicht nicht unbedingt anders, es gibt sicher solche und solche Frauen. Frauen jagen mitunter nicht so „verbissen". Der Jagdneid ist vielleicht nicht so hoch. Ich glaube, dass Frauen unter Um-

Im Leben der jungen Revierassistentin spielen Wald und Forst sowie Wild und Jagd eine wichtige Rolle.

Wiebke Krenzel setzt sich nicht nur leidenschaftlich für die Waldbewirtschaftung ein, sondern ist auch eine passionierte Jägerin.

ständen vorsichtiger jagen. Aber ob sie mehr Respekt vor dem Wild haben, kann ich nicht sagen.

Eigentlich jagen Männer und Frauen doch mit dem gleichen Ziel: „Das ist des Jägers Ehrenschild, dass er beschützt und hegt sein Wild, weidmännisch jagt, wie sich's gehört, den Schöpfer im Geschöpfe ehrt" – den Spruch von O. von Riesen-

tahl kennen doch alle, weil er auf jeder Jägermeisterflasche steht. Aber ich finde, dass er passt.

Jagd ist auch Wirtschaftsfaktor

Wie schätzen Sie den Stellenwert der Jagd heute ein? Ist sie nur ein „schnödes Hobby" von einigen wenigen oder spielt sie auch eine wirtschaftliche Rolle?

Die Jagd nimmt meiner Meinung nach insgesamt einen großen Stellenwert ein. Man kann sie als Beruf, Lebenseinstellung, Leidenschaft, Hobby, Sport oder Passion verstehen. Immerhin gibt es in Deutschland zirca 350.000 Jagdscheininhaber. Außerdem ist Wildfleisch eine Spezialität. Jagd ist auch ein bedeutender Wirtschaftsfaktor. Es gibt zum Beispiel jährlich einen enormen Umsatz durch Jagdpacht, Abschussgebühren, Wildbretverkauf, Herstellung und Verkauf von Munition, Waffen, Ausrüstung und Bekleidung. Und die damit verbundenen Arbeitsplätze nicht zu vergessen.

Teambesprechungen vor Ort gehören für Wiebke Krenzel zum Berufsalltag.

Man darf nicht zimperlich sein

Unter (männlichen) Jägern geht es manchmal etwas herber zu. Es werden Sprüche geklopft, Schnaps getrunken, derbe Witze erzählt. Wie gehen Sie damit um? Stört es Sie? Benehmen sich Jäger anders, wenn eine Frau dabei ist?

Bei manchen Sprüchen denke ich mir auch „Lass sie mal erzählen …" Bei richtig dummen Sprüchen muss man einfach kontern. Männer brauchen eben auch ihre Bestätigung, man sollte sie nehmen, wie sie eben so sind. Oft lache ich einfach mit, obwohl manche Witze ganz schön unter der Gürtellinie sind. Übrigens nehmen sich dabei Jäger und Treiber nichts. Schnaps trinke ich auch mal mit, ich habe kein Problem damit, vor allem in geselliger Runde.

Ich habe nicht festgestellt, dass Männer sich anders benehmen, nur weil eine Frau dabei ist. Vielleicht nur dann, wenn es die eigene ist? Bisher habe ich allerdings keine negativen Erfahrungen gemacht, ich denke jedoch, dass man „Jägersein" und Jägerrunden als Frau schon mögen beziehungsweise manchmal auch abkönnen muss. Wenn es zu doll wird, kann man auch einfach andere Themen anschneiden und sich normal unterhalten – das geht auch mit Jägern.

Zur Person

Name: Wiebke Krenzel
Beruf: Revierassistentin
Wohnort: Gartow
Alter: 25 Jahre
Familienstand: ledig
Jagdschein: 2008 an der Fachhochschule Eberswalde erworben

Text und Fotos: Wiebke Krenzel

„Dieses Wechselbad zwischen totaler Ruhe und höchster Spannung – das ist das Faszinierende beim Jagen."
Christine Steimer

Auf der Pirsch mit Kamera, Büchse und Hund

Ein Portrait über Christine Steimer, Tierfotografin

Christine Steimer (50) zählt zu einer der gefragtesten Tierfotografen Deutschlands. Ihr Schwerpunkt ist die Hundefotografie. Die Portraits ihrer vierbeinigen Models sind zum Teil außergewöhnlich. Neben dem professionellen Auge einer Fotografin, überzeugen ihre Motive durch Kreativität, Fantasie und aussagekräftiger Gestaltung. Zum Beispiel sitzt hier ein Küken oder ein Frosch auf einer Hundeschnauze und dort äugt der Kleine Münsterländer unter einem Pelz hervor.

Sie zeigt Hunde immer wieder aus einem anderen Blickwinkel. Sei es, dass der graue Weimaraner mit elegant gekreuzten Pfoten vor einem schlichten Hintergrund liegt, nur das Auge des Magyar Vizsla als Ausschnitt eingefangen wurde oder vier Hundepfoten von unten zu sehen sind. Aber Christine Steimer fotografiert auch klassische Jagdhundmotive wie den durchs Wasser sprintenden Labrador und den einen Fasan apportierenden Münsterländer.

Die Fotos von Christine Steimer überzeugen durch hohe Qualität. Hilfreich für ihr Handwerk ist es, dass die Fotografin privat auch eine begeisterte Jägerin ist. Ihre jagdlichen Erfahrungen

und Passion bringt sie immer wieder in die beruflichen Herausforderungen ein.

Spezialgebiet Tier und Natur

Geboren und aufgewachsen ist Christine Steimer im Allgäu. Ihr wurde sehr früh klar, dass sie die Fotografie zu ihrem Beruf machen wollte. Nach der klassischen Fotografenausbildung folgte ein Volontariat zur Fotojournalistin bei der Deutschen Presse-Agentur (dpa) in Frankfurt. Zwei Jahre kämpfte das „Landei" in der Großstadt Frankfurt – und war von dort an keines mehr. Sie arbeitete noch drei weitere Jahre für die dpa in unterschiedlichen Ressorts wie der internationalen Berichterstattung, Sport und Politik.

Dann wechselte sie in eine Werbeagentur. 1986 machte sich Christine Steimer selbstständig. Sie fotografierte Reportagen für alle großen deutschen Verlagshäuser wie Burda, Springer, Bauer und Bücher für Gräfe&Unzer, Ulmer, Kosmos, BLV und Müller Rüschlikon. Aber auch in Zeitschriften wie „Wild und Hund" oder „Der Hund" sowie weiteren Magazinen sind ihre Fotos zu sehen. 1992 spezialisierte sie sich auf das Thema „Tier und Natur". Zu ihren Kunden gehören neben Verlagen auch Werbe-

Hunde-Impressionen.

Christine Steimer hat selbst auch die Falknerprüfung absolviert (links: zwei Fotomodels).

agenturen sowie private Hundehalter, die eine bildhafte Erinnerung an ihren Vierbeiner haben möchten. Ihre Hauptthemen sind neben den Hunden, auch Reptilien und Nager. Rund 300 Fachbücher und Praxisführer wurden bereits von ihr bebildert.

Auf einem ihrer Fototermine begegnete Christine Steimer ein Deutsch Kurzhaar. Sie verliebte sich unsterblich in diese Rasse – so einer sollte ihr nächster Hund sein. Die Halterin des alten Rüden machte ihr allerdings klar, dass zu so einem Hund die Jagdausübung gehört. Das veranlasste Christine Steimer 1996 nicht nur die Jäger-, sondern auch die Falknerprüfung zu absolvieren, um endlich den Hund ihrer Träume führen zu können. Die Beizjagd übt sie aufgrund des hohen Zeitaufwandes nicht

aus. Mittlerweile führt sie eine Bayerische Gebirgsschweißhündin.

„Reine Frauenveranstaltungen – müssen nicht sein."

Ihre große Leidenschaft ist die Schwarzwildjagd, gerne auch bei Mond. „Die Jagd auf Sauen ist für mich am spannendsten. Die Tiere sind schlau, und man muss sich etwas einfallen lassen sowie manchmal viel Geduld haben", erklärt die Jägerin ihre Passion. Genau dieses Wechselbad zwischen totaler Ruhe und höchster Spannung ist für sie das Faszinierende beim Jagen.

Christine Steimer hat das Glück, dass sie in einem Revier jagen kann, das nicht allzu weit von ihrem Zuhause entfernt liegt. „Ich gehe ungefähr zwei

Die Fotografin und Jägerin lichtet die verschiedenen Tiere auch gerne einmal aus einer ungewöhnlichen Perspektive ab.

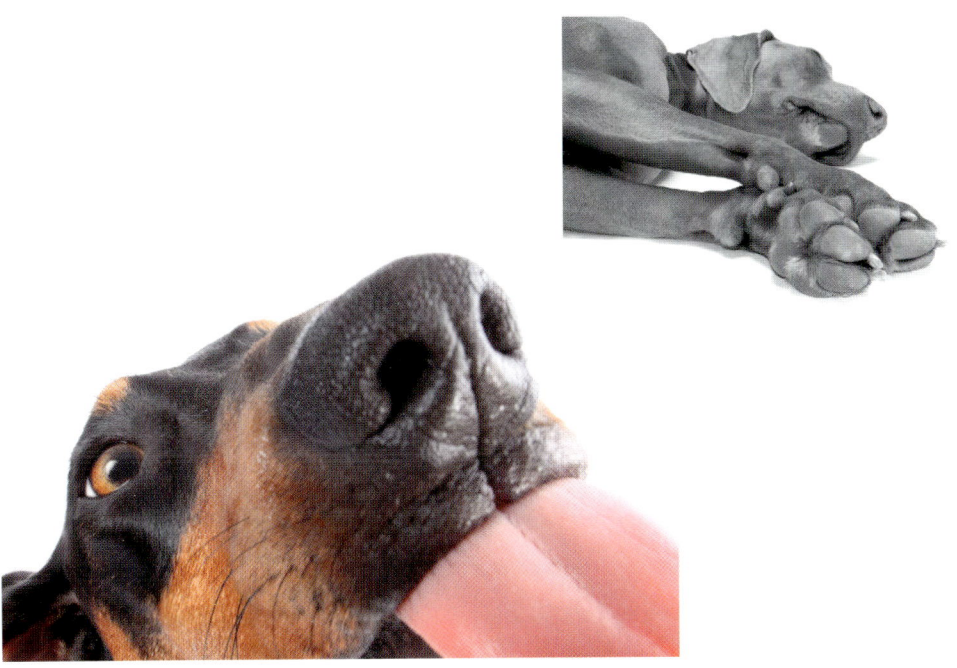

In ihrer Freizeit stellt Christine Steimer besonders gerne dem Schwarzwild nach.

bis vier Mal in der Woche jagen", so die Fotografin. Das Revier Muggensturm liegt nördlich von Baden-Baden. „Wir sind insgesamt drei Frauen, die hier mit jagen. Der Rest sind Männer. Ich schätze diese reinen Frauenveranstaltungen nicht sonderlich", so die 50-Jährige.

Ob sie auch im Winter, wenn es kalt ist, zum Sauenansitz geht? „Natürlich!", be-

tont sie. Dafür hat sie einen einfachen, aber wirkungsvollen Trick entwickelt: Bevor sie ins Revier aufbricht, befüllt Christine Steimer zwei Wärmflaschen mit heißem Wasser. Diese kommen direkt in den Ansitzsack. Auf dem Sitz angekommen, steigt sie in den mollig warmen Sack – und hält so stundenlang auch bei größerer Kälte aus. „Da muss ich zwar ein wenig mehr tragen, aber ich leide seit dem nie wieder unter kalten Füßen oder musste wegen Kälte abbrechen", erläutert die passionierte Jägerin.

Die Jagd nimmt bei Christine Steimer nicht nur privat einen großen Teil ein, sie spielt auch beruflich eine wichtige Rolle. „So ist zum Beispiel vor allem die Zusammenarbeit mit der Zeitschrift „Wild und Hund" zustandegekommen", merkt sie an. Auch bei dem Umgang mit ihren vierbeinigen Fotomodellen kommt die Erfahrung mit dem eigenen (Jagd)Hund der Fotografin zugute. Wie bekommt man einen quirligen Vierbeiner dazu, brav für ein Foto stillzuhalten und auch noch gut auszusehen? „Mit den Kommandos „Sitz und bleib", „Platz und bleib" oder „Steh und bleib" – das muss jeder Hund ab einem halben Jahr beherrschen. Dann nehme ich meistens einen Quitschie oder mache ein ähnliches Geräusch – und schon hat man ein nettes Portrait." Das hört sich eigentlich ganz einfach an. Wie lange dauert es denn, bis das gewünschte Motiv mit einem Hund im Kasten ist? „Das kommt immer auf das Motiv selbst an. Es kann zwischen fünf Minuten oder einem Tag dauern", erklärt die Fotografin

Gibt es eine besondere Anekdote von einem Foto-Shooting? Da gebe es viele, meint Christine Steimer. Eine davon geht so: „Die zweibeinigen Statisten einer Titelbildproduktion für „Wild und Hund" bekamen als Honorar von der Redaktion ein „Wild und Hund-Messer" geschenkt. Auf meine Nachfrage bei den Jägern, ob dieses denn angekommen sei, bekam ich zur Antwort: „Ja, natürlich! Un-

ser Jungjäger nimmt gar kein anderes mehr. Er bricht damit alle Sauen auf, balgt die Füchse damit ab – und bei jeder Brotzeit benutzt er es auch!"

Eine andere Begebenheit trug sich so zu: „Für einen Labrador, nicht jagdlich geführt, wurde eine große Fotoserie gebucht. Er apportierte am liebsten seinen Frisbee. Ich gab den Haltern eine Rotwild-Abwurfstange für ein naturnäheres Apportierfoto. Der Rüde nahm die Abwurfstange zuerst „nicht ums Verrecken" ins Maul. Nach ein paar Versuchen hatte er es begriffen und apportierte sie wie ein Weltmeister. Nach Ende des Shootings gab die Halterin ihm seinen „geliebten" Frisbee – er spuckte (!) es ihr regelrecht vor die Füße.

Im Übrigen gibt Christine Steimer auch drei bis vier Mal im Jahr Fotoseminare. Da kann jeder lernen, den eigenen Vierbeiner selber in Szene zu setzen.

Zur Person

Name: Christine Steimer
Beruf: Fotografin
Wohnort: Baden-Baden
Alter: 50
Familienstand: glücklich liiert
Jagdschein: 1996 an der Jagdschule Linslerhof im Saarland erworben

Mehr Informationen unter:
Tel.: 07221 - 971 54 00
E-Mail: ChristineSteimer@t-online.de
Internet: www.tierfotografie-steimer.de
und www.fotodesign-steimer.de

Text: Katrin Burkhardt, Fotos: Christine Steimer

Vorsicht, Falle: Ausreden für die Jagd ...

Aus dem Jägerleben: Finten, Tricks und Kniffe

*J*agdzeit ist Krisenzeit – zumindest in den Familien, in denen allein der Mann jagen geht. Will er seiner Passion frönen, sieht er sich mit dem Rest der familiären Rotte konfrontiert. Denn nicht immer reicht das Verständnis, besonders der Ehefrau, auch für den fünften Sauen-Nachtansitz in der Vollmondphase. „Willst Du schon wieder jagen gehen ...?" lautet dann eine der häufigsten Fragen im heimischen Bau. Dieses Buch handelt zwar ausschließlich von Frauen, die selber zur Jagd gehen. Nichtsdestotrotz lassen sich Männer häufig etwas einfallen, um sich zur Jagd davon zu schleichen – vielleicht auch, um nicht von der ebenfalls jagenden Ehegattin übertroffen zu werden. Wir decken hier einige Tricks auf, damit Sie nicht in die gleiche Falle tappen.

Ausreden, um jagen zu gehen, sind so alt, wie es die Jagd als Hobby gibt. Wohl bei keiner anderen Freizeitbeschäftigung, außer Fußball vielleicht, wird so viel zuhause diskutiert. In diesem Artikel geht es um die männlichen Nimrode, denn obwohl immer mehr Frauen zur Jagd gehen, sind die Weidmänner doch in der Mehrzahl. Und von wegen „Raffinesse des weiblichen Geschlechts": Lesen Sie selber, welche männliche Energie aufgebracht wird, um doch noch das Wochenende auf der hohen Kanzel am Rapsschlag zu verbringen. Im Übrigen gehört das hier Geschriebene nicht zum Jägerlatein, sondern es sind alles Begebenheiten, die im Laufe der Jahre tatsächlich geschehen sind ...

Da die meisten Männer bei der Jagd gewisse Taktiken anwenden, finden sie

auch immer wieder Möglichkeiten, die Hürde „Familie" vor einem geplanten Jagdwochenende oder Ansitz gewand und jägermäßig zu nehmen. Die Vorgeschichte lässt sich kurz zusammenfassen: In der Regel möchte der Herr des Hauses ungehindert seiner Passion nachgehen und setzt dies auch mehr oder (meist) weniger feinfühlig durch. Die Dame des Hauses bleibt mit dem Rest der Familie auf der Strecke. Kommt Ihnen das bekannt vor? Um den Schaden in der Fläche klein zu halten, entwickeln Weidmänner einen geradezu ausgeprägten Spürsinn für kleinere und größere Finten.

Kürzlich bei einem verlängerten Jagdwochenende: Beim Eintreffen fand folgendes Gespräch zwischen dem Jagdherren und seiner Frau, in diesem Fall

Männer können lernen, Brunftschreie zu imitieren und Fährten zu lesen. Aber nicht, sich Hochzeitstage zu merken.

ROY ROBSON

Abbildung: © Roy Robson

Manchmal steckt auch in der Werbung ein Körnchen Wahrheit ...

ebenfalls Jägerin, statt: „Wo ist eigentlich Lothar?" „Ach, der kommt erst morgen. Er hat Stress mit seiner Frau." „Warum das denn? Unsere Einladung stand doch lange fest." „Das schon, aber seine Frau hat gemeckert, weil er doch schon letztes Wochenende los war. Daraufhin hat Lothar sich gestern gemeldet und gesagt, dass er um des lieben Friedens willen nur einen Tag kommt. Und er wollte wissen, wo hier in der Nähe eine Gärtnerei ist. Damit er auf dem Rückweg noch einen Blumenstrauß besorgen kann." Das breite Grinsen des Jagdherrn sprach Bände.

Kreativität statt Standard

Es heißt ja „Lasst Blumen sprechen", aber ein Blumenstrauß als Besänftigung ist mehr als unkreativ, oder? Auch wenn es „nur gut gemeint war" und schließlich doch auch die Geste zählt, fliegt manchem Nimrod spätestens nach einem nicht angekündigten und trotzdem vollzogenem Jagdwochenende die

Blumenpracht um den Jägerhut. Auch die Schachtel Pralinen befindet sich schneller auf dem Rückwechsel als gedacht – selbst, wenn es die Lieblingssorte der Gattin ist.

Es geht nämlich auch anders: Sven Hoffmann, Wildmeister, hat seine Passion zum Beruf gemacht. Er gibt offen zu, die jagdlichen Seiten seines Jobs häufig zu nutzen. Um seine Frau milde zu stimmen, organisiert er (!) mehrfach im Jahr ein Wochenende, an denen die beiden alleine – ohne Kind, Kegel und Jagd – „auf die Pirsch gehen". Sei es eine Städtetour (nach Rom, Prag und München wollte sie schon immer mal), ein Theater- oder Kinobesuch mit vorangegangenem Restaurantessen (aber wir sind uns einig: bitte nicht die Pommes-Bude an der Ecke) – sie darf sich überraschen lassen. Ausgenommen in der Rotwild-Brunft, hier kommt sie übrigens gerne mit zum Ansitz, zieht Sven Hoffmann dieses Programm über das Jahr verteilt durch – sozusagen als „Ablenkfütterung" – und hat damit alle erdenklich jagdlichen Freiheiten. Fazit: Mit ein wenig Fingerspitzengefühl und Kreativität kann man nichtjagende Frauen doch ganz einfach genossenmachen.

Auf der falschen Fährte

Es geht allerdings auch richtig dreist: Ein junger Mann erzählte, dass er gar nicht verstehen kann, wie sich manche Weidmänner so einen Stress machen können. „Ich erzähle Zuhause maximal einen Tag vorher, wenn ich ein ganzes Wochenende jagen gehen will. Erstens ist dann an dem Termin sowieso nichts mehr zu ändern. Zweitens bin ich am nächsten Tag weg und wenn ich wiederkomme, hat sich meine Frau meistens beruhigt. Ich tue mir solchen Stress doch nicht länger an als nötig." So kann

Ein Mann hat Kraft, acht Tage zu jagen. Oder dreißig Minuten zu shoppen.

ROY ROBSON
Männer gesucht!

Abbildung: © Roy Robson

Ohne Worte ...

„Mann" es natürlich auch machen – lassen wir „ihn" zumindest in dem Glauben. „Und", fügt der Weidmann an, „wenn sie ein Wochenende zu ihrer Schwester fahren oder mit ihrer Freundin eine Shoppingtour machen möchte, habe ich nie etwas dagegen. Da habe ich bei der nächsten Diskussion ein herrliches Argument." Ein Jagdkamerad umschreibt es so: „Bevor ich Zuhause Streit vom Zaun breche, nehme ich die Diskussion ums Jagen lieber sportlich. Schaffe ich es, meine Frau auf eine falsche Fährte zu locken?" Frech, oder?

Mit List und Tücke

Zu den ganz Trickreichen gehörte Heiner M., seit 35 Jahren Jäger mit großer Passion für die Auslandsjagd. Seine Frau Hilde, Nichtjägerin, versuchte ebenso lange, das Hobby ihres Mannes zu boykottieren „ ... zum Wohle der Familie", wie sie es ausdrückte. Also organisierte Heiner M., der dienstlich immer mal wieder ein paar Tage im Ausland zu tun hatte, Folgendes: Er bat einen befreundeten Kollegen, der geschäftlich nach London musste, nach dessen Ankunft, dort eine bereits vorgefertigte Postkarte an besagte Hilde, die immer auf einen schriftlichen Gruß bestand, einzuwerfen. Dass ihr Angetrauter gar nicht in einem Konferenzzimmer in London weilte, sondern auf einer Kanzel in Polen saß, ahnte die gute Frau beim Lesen des Kartengrußes nicht. Heiner M. hatte diese Jagdreise von langer Hand vorbereitet. Statt nach London zu fliegen, war er in die Maschine nach Warschau gestiegen und seiner Jagdleidenschaft in Polens Wäldern nachgegangen.

Die Trophäen und Jagdausrüstung „parkte" er bei einem eingeweihten Freund. Erst von der nächsten offiziellen Jagdreise – eine der seltenen, die seine Frau ihm zugestand –, kam er mit Trophäen beladen zurück. Ob sie jemals etwas gemerkt hat, ist nicht überliefert.

Köder für die Herzensdame

Ein Bekannter entschied sich für einen anderen Weg: Er hob von seinen erlegten Rothirschen jeweils die Grandeln auf. Kam er von der erfolgreichen Jagd nach Hause, hatte er die Trophäe noch nicht dabei. Erst als der Juwelier seines Vertrauens die Grandeln in ein schönes Schmuckstück verwandelt hatte, holte er auch das Geweih ab. Natürlich wurde erst die Aufmerksamkeit für die werte Gemahlin überreicht – als Köder sozusagen.

„Ach Schatz, das wäre doch nicht nötig gewesen. Das passt ja perfekt zu meinen Ohrringen!" – diese Worte klangen meinem Bekannten ebenso wohl in den Ohren wie der Brunftschrei des Hirschs, dessen Geweih er wie nebenbei in seinem Jagdzimmer aufhängte. Zugegeben, diese Variante ist etwas kostenintensiver, aber bei den Gebühren für den Abschuss eines kapitalen Rothirsches kommt es letztlich auf ein paar Euros mehr oder weniger auch nicht an. Irgendwann sind auch die Ideen zur Schmuckverarbeitung aufgebraucht. Aber in diesem Fall beschränkte sich die Hirschjagd auf alle drei Jahre, die Umsetzung war auch finanziell machbar. Und mal unter uns: Diese Ausreden-Variante kann „Frau" sich doch gefallen lassen.

Mit edlem Schmuck versucht mancher Weidmann seine Herzensdame zu besänftigen – das kann funktioren, muss aber nicht.

Papa ist dann mal weg

Es gibt auch Weidmänner, die nehmen ihrer Familie gleich den Wind aus den Segeln, was jegliche Argumente gegen das Jagen betrifft. Wie das funktioniert? Eigentlich ganz einfach: Sie organisieren ein familienfreundliches Nebenprogramm, in dessen Rahmen sie alle Freiräume für den einen oder anderen Ansitz haben. Wenn man es nahezu perfekt machen will, legt man seine jagdlichen Aktivitäten in die frühen Morgen- oder späteren Abendstunden. Seitens der Familie kann nichts dagegen sprechen, wenn Papa zum Frühansitz geht, während der Rest ausschläft. Pünktlich zum Frühstück ist er – mit oder ohne Stück, dafür in jedem Fall mit frischen Brötchen – zurück. Das Gleiche gilt für abends. Die Kinder gehen früh ins Bett, die Frau möchte den neuesten Film mit Brad Pitt sehen – da braucht doch wirklich niemand den getreuen Gatten an der Seite, der nur dumme Kommentare abgibt. Papa kann also getrost für ein paar Stunden zum Ansitz verschwinden, ohne dass er irgendjemanden die Zeit „stiehlt". Dass dieser Jägersmann wahrscheinlich vor lauter Erschöpfung am Montag mit dem Kopf auf dem Büroschreibtisch einschläft, kann durchaus vorkommen.

Augen zu und durch

Ein häufiges Streitthema in Sachen Jagd ist leider auch das liebe Geld. Vielleicht kennen Sie solche Diskussionen aus eigener Erfahrung: Wenn er sich nach 20 Jahren eine neue Waffe gönnt, sieht sie nicht die bisherige Sparsamkeit (nämlich zwei Jahrzehnte lang mit derselben Waffe gejagt zu haben), sondern die plötzliche Geldausgabe von xy Euro. Dass sie im Gegenzug mindestens den gleichen Betrag jährlich, wenn nicht monatlich, in neue Kleidung und Schuhe „investiert", ist ein Gerücht, das hier nicht bestätigt werden soll. Ihr Argument: „Ich verstehe nicht, warum es gleich so eine teure Waffe sein muss. Gibt es keine gebrauchten? Außerdem hätte es das alte Gewehr doch auch noch getan!"

Solche Argumente sind aus Sicht der Weiblichkeit gut. Manche Jäger neigen zu der Hauruck-Methode: neue Watte kaufen und in den Waffenschrank stellen.

Sollte sie es bemerken, werden sämtliche Einwände mit: „Darüber diskutiere ich nicht, die bleibt!" ohne weitere Erklärungen abgebügelt. Dass danach der Haussegen mehrere Tage lang schiefhängt, nimmt diese Spezies gerne in Kauf – Sie werden vielleicht bestätigen können, dass Frauen hier das längere „Stehvermögen" haben ...

Den Braten längst gerochen

Mancher Weidgenosse tüftelt sich bereits wochenlang vor Jagdbeginn einen Plan zurecht. Ihnen möchte man zurufen, dass die Wahrheit in vielen Fällen sehr viel weniger Energie kostet, aber scheinbar funktioniert es in einigen Jägerhaushalten auch mit einer viel weniger aufwändigen Taktik. Die Kunst steckt allerdings dabei wie so oft im Detail. Ein bekannter Revierinhaber meint, er sei besonders schlau, wenn er seine Passion mit den folgenden, möglichst beiläufig ausgesprochenen Worten tarnt: „Mausi, ich fahre noch mal ganz kurz ins Revier. Vielleicht gucke ich noch auf einen Sprung in der Jagdhütte vorbei, aber wahrscheinlich nicht." Die Betonung liegt dabei natürlich auf „ganz kurz".

Der Trick sei laut des Bekannten dabei, das Auto bereits mit allen wichtigen Ausrüstungsgegenständen gepackt vor der Tür stehen zu haben. Es kommt dann allerdings, wie es kommen muss: Aus der angekündigten Stunde werden drei, vier oder mehr und der Bekannte bleibt in den Weiten des Reviers verschollen. Obwohl der Jägersmann meint, dass „es immer wieder klappte", hatte seine Frau den Braten längst gerochen – genauso

Familienidylle? Weit gefehlt: Er (ganz links) ist mit den Gedanken bereits beim Abendansitz und hofft, dass dieser Nachmittag schnell vorbeigeht.

wie die Bierfahne, die den Gemahl bei der Rückkehr fein umwehte. Der besagte Bekannte ist übrigens mittlerweile Single und zieht als einsamer Wolf seine Kreise im heimischen Revier.

Angebot als Feigenblatt

Wie ein Bock auf den Blatter springen viele Frauen auf den Satz: „An diesem Wochenende muss ich in Familie machen!" Eine deutlich aufwerfende Ehefrau merkte dazu an: „Wenn mein Mann sagt, er muss in Familie machen, könnte ich ihn mit seinem Gewehrriemen erwürgen." Worte sind eben nicht Schall und Rauch. Wir Frauen wollen schließlich nicht als lästiges Anhängsel gelten, das allein der schnöden Passion unserer

werten Gatten im Weg steht. Sollen sie doch merken, wenn sie mit ihrem Verhalten in die Falle tappen.

Wohl also den Weidmännern, die nicht nur eine verständnisvolle Frau und Familie haben, sondern vielleicht auch eines der weiblichen Exemplare, die sogar gerne mit zur Jagd gehen. Es gibt durchaus Jäger, die es schätzen, wenn sie nicht alleine auf den Hochsitz müssen. Es soll Weidmänner geben, die ihre Sitze extra so angelegt haben, dass dort immer für zwei Menschen Platz ist. Wer nun „Böses" dabei denkt, nach dem Motto: „Ich habe ihr ja angeboten mitzukommen, aber wenn sie nicht will, dann kann ich auch nichts dafür", ist bei vielen Jägern auf dem Holzweg. Es gibt

Manchmal kann der Schuss trotz bester Ausreden auch nach hinten losgehen – nämlich dann, wenn sie auf einmal erfolgreicher und häufiger jagen geht als er.

nämlich eine Methode, die sämtliche Ausreden zunichte macht und bereits in vielen Beziehungen ein Volltreffer war: Die Dame des Hauses macht ebenfalls das „Grüne Abitur". Im Idealfall bekommt sie dabei volle Unterstützung durch den bereits ach so erfahrenen Jägersmann. Bestenfalls erlebt man danach zusammen herrliche Stunden bei der Jagd, schlimmstenfalls (aus Sicht der männlichen Fraktion) ist sie nachher passionierter als er, und der Spieß wird umgedreht. Während sie bereits dem dritten Bock nachpirscht, sitzt der ehemals häufig abwesende Jäger Zuhause und passt auf die lieben Kleinen auf. Aber: In der Regel gibt es keinen Stress mehr in Sachen Jagd.

Alles nur Jägerlatein?

Dieser Artikel ist in abgeänderter Form bereits in einigen Jagdzeitschriften veröffentlicht worden. Ich hatte mit allem gerechnet – nur nicht mit Leserbriefen von Frauen. Die eine äußerte sich empört, wie man denn so einen Artikel schreiben könnte. Ihr Mann würde sie schließlich immer gerne mitnehmen und wäre dankbar, wenn sie Augen und Ohren offen hielte, während er beim nächtlichen Sauenansitz ein längeres Nickerchen machen könnte. Es wäre doch ein großer Vertrauensbeweis, wenn er sich darauf verließe, dass sie ihn rechtzeitig weckte, sobald die Schwarzkittel anwechseln. Allerdings würde sie sich manchmal auch einen Rüffel einfangen, wenn ihr selbst ob des langen Starrens auf die Kirrung die Augen zufallen oder sie gar falschen Alarm schlüge.

Die andere Leserbriefverfasserin mokierte sich zunächst ebenfalls über den Text und verwies ihn in das Reich des Jägerlateins. So lange, bis sie mit ihrem Mann darüber sprach und feststellen musste, dass sie leider einen Jägersmann an ihrer Seite hatte, der erst jetzt damit herausrückte, dass er sich schon vor Jahren mehrere Waffen angeschafft hatte, ohne ihr davon zu erzählen.

Entscheiden Sie selbst, ob dieser Text für Sie nur Jägerlatein ist oder vielleicht doch ein Körnchen Wahrheit in ihm steckt – Hauptsache, es heißt am Ende nicht: Jagd vorbei, Halali ...

Text: Katrin Burkhardt,
Fotos: Roy Robson (2), Katrin Burkhardt (3)

98

Praxistipp: Die richtige Kleidung für den Winter

Für viele Jagdarten hat sich das **Zwiebel-Prinzip** bewährt: mehrere Lagen dünner Kleidung sind erfahrungsgemäß besser als wenige Lagen dicker. Zwischen den einzelnen Lagen entstehen Luftpolster als zusätzliche Isolationsschicht. Weiterhin kann man sich durch An-/Ausziehen einzelner Schichten sinnvoll auf jedes Klima einstellen. Um ein Optimum zu erreichen, braucht man dafür jedoch die richtigen Materialien. Moderne Jagdbekleidung funktioniert als System nur, wenn die einzelnen Schichten aufeinander abgestimmt sind – von direkt anliegender Unterwäsche über die Zwischenschichten bis hin zur Oberbekleidung.

Und so funktioniert das „Zwiebel-Prinzip":
1. Schicht: Eng anliegende, spezielle Funktionsunterwäsche aus Kunstfasern wie Polyamid, Polypropylen oder Merinowolle und/oder ein Gemisch daraus (Aufgabe: Feuchtigkeitstransport von der Haut weg).
2. Schicht: Gut isolierende, normale Unterwäsche (Langarmshirt, lange Unterhose), wenn möglich mit einem Anteil an Schafschurwolle.
3. Schicht: Fleecehemd, das den Feuchtigkeitstransport nicht unterbricht.
4. Schicht: Fleecejacke (Aufgabe: Feuchtigkeitstransport nach außen) mit hohem, dicht schließendem Kragen, der den Halsbereich wärmt und Kältebrücken vorbeugt.
5. Schicht: Die Jacke: Sie sollte hoch isolierend, winddicht und wasserfest sein, der Schnitt großzügig und idealerweise bis über das Gesäß reichen. Das beste Material ist GoreTex oder SympaTex. Weitere Eigenschaften: hoher Kragen, Kapuze mit Verstellkordel zum Zuziehen, winddichte Ärmelabschlüsse.
5. Schicht: Die Hose: Schnitt mit hochgezogenem Rückenteil oder einem (anknöpfbaren) Nieren-/Rückenwärmer, isolierendes Material, bei starken Minustemperaturen. Zusätzlich: sehr weit geschnittene Überhose (Material: Oilskin = geölter Cotton).
Kopf: Am Kopf verliert der Körper enorm an Wärme und damit an Energie, daher sind Fellmützen mit herunter klappbaren Ohrenschützern ideal. Zusätzlich: Sturmhauben oder Kopfmasken gegen den Wind.
Hals: Schal aus hoch isolierendem Material (Wolle oder Fleece).
Füße: Schuhe mit hohen Schäften und atmungsaktivem, bestens isolierendem Innenfutter (zum Beispiel Lammfell, Naturfilz), als Obermaterial am besten Leder (muss aber gepflegt und imprägniert werden) oder GoreTex, Neopren und Thinsulate; wärmedämmende Socken aus Wolle oder Wollgemisch.
Hände: Kombination aus dünnem Fingerhandschuh innen sowie dickem Fausthandschuh mit Fingerklappe. Die Handflächen der Fausthandschuhe sollten aus wasserfestem, griffigem Material sein. Alternative: Schießhandschuhe und Jagdmuff. Zusätzlich kann man Pulswärmer aus Stoff oder Pelz nutzen.
Hilfsmittel: Taschenöfchen, elektrisch beheizbare Kleidung (Schuhe, Weste, Sohlen).

Extratipp: Die Jacke sowie ggf. die Überziehhose sollten erst auf dem Hochsitz angezogen werden, damit man nicht schon auf dem Hinweg in Schweiß ausbricht.

„Ich denke, man trägt die Jagd
in sich und kann das Gefühl
nicht erlernen oder erzwingen.
Faszination trifft es am besten."
Inga Maushake-Chelius

Jagen als Lebensinhalt

Interview mit Inga Maushake-Chelius, tätig im Bereich
PR und Marketing Forest bei Fjällräven

 eit wann sind Sie bei der Firma Fjällräven beschäftigt und welchen Bereich betreuen Sie?

Inga Maushake-Chelius: Ich bin seit 2008 bei Fjällräven und betreue den Bereich Marketing und PR Forest für Deutschland und Österreich.

Fjällräven war ein Vorreiter in Sachen Jagdbekleidung für Frauen. Wie kam es dazu? Seit wann wird Frauen-Jagdbekleidung angeboten?

Seit 1994 gibt es bei Fjällräven eine reine Damen-Jagdkollektion, welche weiter stark im Focus steht und ausgebaut wird. Wir sehen, dass das Thema „Jagd und Frauen" immer mehr Bedeutung bekommt.

Woher stammen die Ideen für die Kleidungsstücke? Kommen manchmal auch Anregungen von Jägerinnen/Kundinnen, die dann umgesetzt werden?

Die Ideen stammen überwiegend aus Schweden von der dortigen Produktmanagerin Donna Bruns und ihrem Designerteam. Es besteht eine enge Zusammenarbeit mit Deutschland (Vierkirchen). Auch ich bringe meine jagdlichen Erfahrungen und die Ideen und Meinungen, der vielen Jäger mit denen

ich im Laufe eines Jagdjahres zusammentreffe, ein. Um die Produkte jagdlich zu optimieren erhalten wir auch konstruktive und wichtige Unterstützung von den Jägern in deren Revieren wir unsere Forest-Shootings durchführen, also die Werbefotos für die Kataloge erstellen. Die Winterjagd-Kombi Högvilt ist unter anderem entstanden, weil ich bei den Winterdrückjagden immer gefroren habe und nichts wirklich Warmes und zugleich Funktionelles auf dem Markt war.

In welchem Bereich gibt es die größte Nachfrage?

In erster Linie gibt es sie bei Hosen, Jacken und Blusen.

Gibt es einen Unterschied vom deutschen zum beispielsweise skandinavischen Markt?

In Deutschland ist die Jagd wesentlich elitärer und hat einen höheren gesellschaftlichen Stellenwert als in Skandinavien. Auch geben die deutschen Damen wesentlich mehr Geld für Jagdbekleidung aus. In Skandinavien gibt es recht wenige Jägerinnen.

Welche Kriterien sind für Fjällräven bei der Produktion von Damen-Jagdbekleidung wichtig?

Bei Fjällräven stehen immer Funktionalität, Strapazierfähigkeit und Langlebigkeit im Vordergrund. Trotzdem sind das keine Ausschlusskriterien für feminine Schnitte, jahreszeitlich angepasste Materialien (richtig warm im Winter) und Stil (!). Frau darf ruhig Frau bleiben und muss sich nicht in „rustikaler Männerkleidung" verstecken. Stil und Tradition passen bei der Jagd gut zusammen.

Durch welche Vorteile und Kriterien hebt sich Fjällräven im Bereich Damen-Jagdbekleidung von Mitbewerbern ab?

Die Forest Damenlinie ist keine angepasste Herrenlinie, sondern eine eigene bis ins Detail auf die jagdlichen Anforderungen und Ansprüche der Jägerin abgestimmte Linie. Es gibt eine große Auswahl an jahreszeitlich und den unterschiedlichen Jagdarten angepassten Jagdkombis sowie die passenden Basics, wie Blusen, Pullover, Westen und so weiter.

Werden die Produkte vor dem Verkauf in der Praxis getestet?

Unsere Materialien unterliegen einer ständigen Kontrolle und werden alle getestet. Außerdem bewähren sie sich seit Jahren im Outdoor- und Forstbereich. Die einzelnen Funktionen und Details werden sinnvoll optimiert und den Natur- und Jagdgegebenheiten angepasst. Das heißt: Veränderung für das „bessere" Neue, ohne auf das „gute" Alte wie Funktion und Haltbarkeit zu verzichten. Getestet wird überwiegend in Schweden von den eigenen Mitarbeitern, die alle große Naturliebhaber

Inga Maushake-Chelius nach einer erfolgreichen Maisjagd.

sind und ihre Freizeit draußen im Freien verbringen. Vereinzelt wird aber auch bei uns getestet, da sich die Art und Weise der schwedischen Jagd nicht 100%-ig auf Deutschland und Österreich übertragen lässt. Das „Wie" ist ganz einfach: Wir tragen und nutzen die Kleidung in den Bereichen, für die sie gemacht ist, das heißt auf der Jagd – und das bei jedem Wetter und zu jeder Jahreszeit.

Wie hilfreich ist es in Ihrem Job, dass Sie selber Jägerin sind?

Sehr hilfreich! Wenn man einen Job gut machen möchte, ist es immer besser praxisnah zu sein und zu wissen, wovon man spricht, als ein absoluter Theoretiker zu sein. Im Pressebereich ist es ähnlich, die Redakteure sind überwiegend selbst Jäger. So hat man eine gemeinsame Basis und sieht sich auch öfter Gesellschaftsjagden oder anderen jagdlichen Veranstaltungen.

Zu Ihren privaten jagdlichen Aktivitäten: Wie sind Sie zur Jagd gekommen?

Mein Großvater und vor allem auch mein Vater waren sehr passionierte Jäger und so bin ich schon früh an die Natur und die Jagd herangeführt worden. Die besten Gespräche zwischen Vater und Tochter gab es bei den Ansitzen oder den Fahrten ins Revier. Inzwischen bin ich mit einem Forstmann verheiratet und unser Leben dreht sich rund um die Jagd. Aber weder mein Vater noch mein Mann haben mir je „nahegelegt", den Jagdschein zu machen. Die Entscheidung, aktive Jäge-

Beim Fototermin immer mit dabei: der dreijährige Wachtel-Rüde und Fernaufklärer „Oskar".

rin zu werden, das heißt den Jagdschein zu machen und selbst das Gewehr in die Hand zu nehmen, kam während eines schönen Brunftansitzes mit aufregendem Anblick. Gesagt, getan! Hinzu kam noch, dass ich es leid war, die männlichen Suggestiv-Fragen auf diversen Streckenplätzen: „Sie haben keinen Jagdschein, nicht wahr?" mit „Nein, habe ich nicht" zu beantworten. Jetzt kann ich mit gutem Gewissen „Doch, den habe ich" antworten.

Die neue Högvilt Damenkombi – mehr Informationen darüber gibt es unter www.fjällräven.de.

Wo jagen Sie?

Ich jage überwiegend in Grafenwöhr, was sich durch den Beruf meines Mannes als Leiter des Bundesforstbetriebes Grafenwöhr ergibt. Direkte Angehörige dürfen zu bestimmten Konditionen mitjagen. Die Jagd in Grafenwöhr ist ein absoluter Genuss und ein großes Privileg zugleich, was ich auch zu schätzen weiß! Weitere Jagdmöglichkeiten habe ich bei Freunden und Verwandten in Mecklenburg-Vorpommern, Schleswig-Holstein und Ruhpolding.

Welches ist Ihre Lieblingswildart/Jagdart und warum?

Durch Grafenwöhr jage ich überwiegend auf Rotwild – eine sehr majestätische Wildart. Faszinierend finde ich aber auch das Schwarzwild. Sauen sind so urwüchsig und intelligent zugleich. Das Flintenschießen ist die letzten Jahre leider etwas zu kurz gekommen, das würde ich aber gern wieder aktivieren.

Gibt es Tipps bezüglich der Jagd, die Sie an andere Jägerinnen weitergeben können?

Tipps möchte ich keine geben. Jeder hat seine eigene Art zu jagen und sollte dies mit Achtung, Verantwortung und großer Fürsorge tun. Einzig möchte ich den anderen Jägerinnen mit auf den Weg geben, auch auf der Jagd Frau zu bleiben und nicht zu „Männer übertrumpfenden Flintenweibern" zu mutieren.

Ich bin für ein ausgleichendes Miteinander und kein konkurrierendes Gegeneinander. Ich kann zum Beispiel ein Alttier nicht alleine bergen – und bin dann froh über starke männliche Unterstützung!

Was fasziniert Sie an der Jagd?

An der Jagd fasziniert mich, wie abwechslungsreich und immer anders die Zeit auf der Jagd und in der Natur ist. Viele Nichtjäger vergessen, was alles – außer dem Erlegen – zur Jagd gehört. Die Natur ist ein idealer Ort, um die Sorgen und die Lautstärke des Alltags

Inga Maushake-Chelius mit ihrem ersten starken Rothirsch, den sie im Herzogtum Lauenburg erlegt hat.

mal hinter sich zu lassen. Weiterhin ist die Jagd in der heutigen Zeit notwendig und sinnvoll. Trotzdem fällt es mir schwer, die Gefühle in Worte zu fassen – Worte wie Spaß passen wenig. Ich denke, man trägt die Jagd in sich, und kann das Gefühl nicht erlernen oder erzwingen. Faszination trifft es am besten.

Jagen Frauen Ihrer Meinung nach anders als Männer?

Eine heikle und schwierige Frage! Ja, ich denke Frauen jagen anders, nicht was das Handwerk (Schießen) an sich betrifft, sondern das Gefühl und die Einstellung beim Jagen ist anders. Männer nehmen die Jagd oft persönlicher (Kräftemessen, Wettkampf). Frauen sehen die Jagd mehr als Genuss für sich selbst (weniger Jagdneid, umsichtiger). Hierbei ist

aber zu bemerken, dass Ausnahmen die Regel bestätigen, und auch ich Jäger und Jägerinnen jeglicher Couleur kenne.

Zur Person

Name: Inga Maushake-Chelius
Beruf: Bankkauffrau, PR und Marketing im Bereich Forest bei Fjällräven
Wohnort: Vilseck
Alter: 45 Jahre
Familienstand: verheiratet, zwei Kinder (13 und 11 Jahre)
Jagdschein 2004 beim Bayerischen Jagdverband Amberg-Sulzbach erworben

Informationen zum Angebot von Fjällräven gibt es unter: www.fjällräven.de

Text: Inga Maushake-Chelius
Fotos: Fjällräven (3), Maushake (2)

Praxistipp: Hier werden Sie fündig

Adressen für Bekleidung und Ausrüstung:
- www.waidfrau.de
- www.fjaellraeven-shop.de
- www.frankonia.de
- www.jagd-pur.de/Damen-Jagdbekleidung
- www.grube-shop.de
- www.jagdfieber.com/Jagdbekleidung/Jagdbekleidung-Damen/
- www.hubertas-jagdhütte.de
- www.waldkauz.net
- www.farm-land.de
- www.hubertus-shop.de
- www.jagdfee.de
- www.jagdmode.de
- www.pirschershop.de
- www.egun.de
- www.askari-jagd.de
- www.jagd-extrem.de

Adressen für Schönes rund um die Jagd:
- Geschirr: www.oene-lancken.de
- Geschenke: www.jagdartikelshop.de und www.pirschershop.de
- Besonderes aus Holz: www.holz-und-jagd.de
- Für Jäger/innen mit Humor: www. jaegershirts.de
- Für Jagd und Wohnen: www.presents-for-passion.de
- Gemaltes Portrait vom Vierbeiner: www.tiere-portrait.de
- Gravur für Hundemarken: www.effekt-gravur.de
- Geschenkideen: www.deco-direct.de/geschenkideen/j/geschenke-fuer-den-jaeger
- T-Shirts mit Wildmotiven: www.wildfieber.eu
- Alles für den Hund: www.der-jagdhund.de und www.romneys.de
- Einrichtung (Gardinen): www.kavaliershaus.de
- Hirschmotive auf Kissen & Decke: www.gardinenhimmel.com und
  www.geschenktrends.de/David Fussenegger
- Wohnaccessoires: www.steiner1888.at
- Ideen aus Hirschhorn: www.funk-hirschhorn.de
- Geschnitztes: www.jagdschnitzerei.de

Umfassende Linksammlung zum Thema Jagd:
- XXL-jagen.de

Angaben ohne Gewähr

107

„In Zeiten diverser Lebensmittelskandale, wie mit Antibiotika verseuchtem Schweinefleisch und Geflügel, ist es ein absolutes Privileg, sich selbst mit Wildbret versorgen zu können. "
Andrea Schmidt-Agel

Fachliche Kompentenz wird durch den Jagdschein erweitert

Ein Portrait über Andrea Schmidt-Agel,
Verantwortliche für PR und Kommunikation bei Minox

Nachdem mein Mann 2004 seinen Jagdschein gemacht hatte, war das Thema Jagd bei uns zu Hause allgegenwärtig. Für mich als Nichtjägerin waren damals viele Aspekte rund um diesen Bereich nicht nachvollziehbar und führten oft zu Diskussionen – genau zu jenen Diskussionen, die ich heute selbst mit Nichtjägern führe (Warum Jagd überhaupt? Warum Tiere töten?). Ich bekam damals sehr oft zu hören, ich solle erst einmal meinen Jagdschein machen und mich mit der Thematik auseinandersetzen, dann könnten wir auch gerne darüber diskutieren. Dies war der eine wichtige Grund für den Jagdschein.

Der andere entscheidende Auslöser war und ist meine berufliche Tätigkeit. Als Verantwortliche für Kommunikation und PR bei dem deutschen Optik-Unternehmen Minox, das sich mehr und mehr auf den Bereich Fern- und Zieloptik konzentriert, gehört der enge Kontakt mit den Redakteuren von Jagdzeitschriften zu meinen Hauptaufgaben – allesamt ebenfalls Jäger. Um auf Augenhöhe kommunizieren zu können, war es mir sehr wichtig, mich mit der Jagdthematik zumindest ansatzweise auszukennen

und auch selbst einen Jagdschein zu besitzen. Das war der zweite wichtige Grund für mich, um den Jagdschein zu absolvieren.

Verständnis für Nichtjägern

Privat bin ich, wenn es meine Zeit erlaubt, im Revier meines Mannes jagdlich eingebunden. Es umfasst 380 Hektar und liegt in der Nähe von Wetzlar. Hauptvorkommen sind Schwarz- und Rehwild sowie Wasserwild an der Lahn.

In unserer Familie jagen bisher nur mein Mann und ich. Unsere Kinder (12 und 5 Jahre) sind noch zu jung für den Jagdschein, aber sie sind beide bereits schon jetzt sehr naturverbunden und jagdlich interessiert. Unser ältester Sohn begleitet meinen Mann häufig zu Ansitzen oder Jagden. Er durfte bereits selbst in Afrika einen Klippschliefer (ähnlich einem Murmeltier) erlegen. Es ist davon auszugehen, dass zumindest er seinen Jagdschein machen wird, sobald er das entsprechende Mindestalter dafür erreicht hat. Ansonsten betreut mein Mann sein Revier vorwiegend mit seinem Milpächter, da ich zeitlich kaum Gelegenheit habe, mich einzubringen.

Obwohl die Jagd ein Teil meines beruflichen und privaten Umfeldes ausmacht, bin ich generell bei Nichtjägerinnen und -jägern eher zurückhaltend und erwähne selten, dass ich einen Jagdschein besitze. Sollte der eine oder andere es dennoch erfahren, gibt es auch mal Diskussionen, für die ich absolutes Verständnis habe – schließlich ist es noch nicht lange her, dass ich genauso diskutiert und argumentiert habe. Ich versuche den Gesprächspartnern dann sachlich an die Thematik heranzuführen und diese zu erklären, so dass ich abschließend in der Regel ein „Du hast ja recht, aber trotzdem ..." zu hören bekomme, immerhin ...

Die jagdlichen Voraussetzungen müssen beim Schuss stimmen

Da ich auch aus zeitlichen Gründen die Jagd und Hege nicht regelmäßig ausübe und selten Kontakt zu anderen Jägern habe, kann ich nicht sagen, dass Jägerinnen mehr leisten müssen als ihre männlichen Kollegen. Meiner Erfahrung nach steht aber bei vielen Frauen das Naturerlebnis an sich im Vordergrund, und nicht der Abschuss. Frauen können sich am Anblick erfreuen, ohne das Wild erlegen zu müssen. Dies unterscheidet sie sicherlich von den meisten jagenden Männern, für die das Erlegen ganz wichtig ist. Auch das Thema „Trophäe" hat keinen so hohen Stellenwert wie bei vielen männlichen Kollegen.

So, wie ich es bisher erlebt habe, schießen Frauen nur dann, wenn sie 150%-ig sicher sind, das Stück korrekt angesprochen zu haben und die Voraussetzun-

Andrea Schmidt-Agel auf der Pirsch im heimischen Revier.

gen für einen perfekten Schuss gegeben sind. Was bei vielen jagenden Männern definitiv anders ist – zumindest ist
diese Schlussfolgerung zu ziehen, wenn
ich so manche Gespräche unter Jägern
mitbekomme. Bei Gesellschaftsjagden
freue ich mich, wenn weitere Jägerinnen
anwesend sind. Ich habe aber auch kein
Problem damit, nur unter Männern zu
jagen.

Wildbret ist ein Privileg

Wir verwerten unser Wildbret selbst.
Allerdings versorgen wir auch Freunde
und Bekannte auf Nachfrage damit. In
Zeiten diverser Lebensmittelskandale,
wie zum Beispiel mit Antibiotika verseuchtem Schweinefleisch und Geflügel, ist es ein absolutes Privileg, sich
selbst mit gesundem Wildbret versor-

gen zu können, bei dem Herkunft und Zeitpunkt sowie die Umstände des Erlegens bekannt sind. Mittlerweile jage ich sehr gerne. Es gibt dabei eigentlich auch nur eines, das mich stört: Im Bereich „Jagdkleidung" für Frauen gibt es noch großen Nach-holbedarf, besonders für kleine Kleider-größen. Ich helfe mir damit, dass ich auf farblich passende Bekleidung gängiger Hersteller zu-

rückgreife – es müssen nicht unbedingt teure Produkte namhafter Markenartikler sein. Da ich bisher noch keine großen Jagderfahrungen mit unterschiedlichen Wildarten sammeln konnte, habe ich eigentlich keine Lieblingsart. Aber mir gefällt das Jagen insbesondere auf heimisches Rehwild sehr gut, aber auch die Jagd auf Oryx-Antilopen in Afrika hat mich fasziniert.

Zur Person

Name: Andrea Schmidt-Agel
Beruf: Angestellte, verantwortlich für Kommunikation und PR bei Minox
Wohnort: Wetzlar
Alter: 42 Jahre
Familienstand: verheiratet, zwei Kinder
Jagdschein: 2008 im Jagdverein Wetzlar mit Prüfung in Lüchow-Dannenberg (Wendland) erworben

Text und Fotos: Andrea Schmidt-Agel

Die Jäger*in*

HIRSCHKÄFER -
*heißblütiger Recke
und Schnapsliebhaber*

„SALZ"
Grundlage des Lebens

VON GEBLEICHTEN FEDERN
& GESCHMINKTEN MÄNNERN -
*die Rückkehr des Bartgeiers
in den Alpen*

„GUTES
SCHIESSEN"
*kommt nicht
von ungefähr*

Das Jagdmagazin für die Frau

114

Lektüre für die Jägerin

Interview mit Petra Schneeweiß, Herausgeberin der Zeitschrift „Die Jägerin" in Österreich

Wie sind Sie auf die Idee gekommen, diese Zeitschrift auf den Markt zu bringen?

Petra Schneeweiß: Es war mir schon lange ein Anliegen, ein etwas „anderes" Jagdmagazin zu gestalten.

In welcher Auflagenhöhe erscheint die Zeitschrift, und wo ist sie erhältlich?

Die Zeitschrift erscheint mit einer Auflage von 15.000 Stück. Man kann sie über das Internet unter www.diejägerin.at als Abo oder Einzelbestellung beziehen. Seit Juli ist die Zeitschrift über den Valora Verlag auch im Handel erhältlich.

Die Zeitschrift „Die Jägerin" gibt es jetzt seit circa einem Jahr. Wie fällt Ihr Resümee für diese Zeit aus?

Das erste Jahr war mehr als gut. Wir waren sehr erstaunt, dass die Nachfrage so riesig ist.

Magazin mit weiblichen Wurzeln

Auf Ihrer Homepage schreiben Sie, dass eine „zu starke Abkapselung in Jägerinnen-Gruppen völlig überflüssig" ist. Dennoch wendet sich der Zeitschriftentitel und auch Überschriften wie zum Beispiel „Jagdlich heiraten" eher an Jägerinnen. Interessieren sich denn auch männliche Jäger für die Zeitschrift?

Wir haben sehr viele männliche Abo-Kunden! Wir berichten über Interessantes, Wissenswertes und praktische Tipps – das interessiert sowohl den Jäger als auch die Jägerin. Von der Diskussion „nur Jägerin oder Jäger" halte ich nichts. Es funktioniert nur mit einem guten Miteinander. Wir Jägerinnen sind nun mal in der Minderheit, aber wenn wir uns gut in die Jagd einbringen, werden wir ohne Wenn und Aber akzeptiert. Ich finde durch die ganzen Jägerinnen-Treffen und so weiter machen wir uns selbst zu Außenstehenden. Da die Anzahl an Jägerinnen stetig steigt, sollte es meiner Meinung nach auch ein vielfältiges Magazin mit weiblichen Wurzeln geben.

Die Titelbilder Ihrer Zeitschrift unterscheiden sich mit Blick auf andere Jagdmagazine doch erheblich. In Deutschland ist im Mai zum Beispiel auf fast jedem Titel ein Rehbock abgebildet, bei „Die Jägerin" nicht. Ist das bewusst so gewählt?

Da wir vierteljährlich erscheinen, sind auch die Titelfotos der Jahreszeit angepasst. Dieses Jahr sind die „Jagdhelfer" an der Reihe. Im April „Hund", im Juli „Pferd", im Oktober „Falke" und im Dezember „Frettchen". Für das nächste Jahr gibt es wieder ein neues Thema, das sich durch das Jahr zieht. Wir möchten mit dem Magazin auch die Frau des Jägers oder Menschen ansprechen, die naturverbunden sind und sich mit jagdlichen Themen auseinandersetzen wollen.

Momentan erscheint „Die Jägerin" viermal im Jahr. Ist ein häufigeres Erscheinen in Planung – oder eine Ausweitung außerhalb Österreichs?

Der Erscheinungsrhythmus bleibt bis auf Weiteres bei viermal im Jahr. Wir haben bereits viele Kunden aus Deutschland, zum Beispiel aus Südtirol. Aber natürlich werden wir auch den vertrieblichen Bereich weiter ausbauen.

Woher stammen die Themen, über die in der Zeitschrift berichtet wird?

Die Themen stammen überwiegend aus meinen Hirnwindungen.

Viele Jagdzeitschriften wollen mit ihrem Inhalt auch dazu beitragen, dass sich die Jagd verändert beziehungsweise jagdliche Themen auch mal kontrovers disku-

Rechts: In der Zeitschrift „Die Jägerin" gibt es neben rein jagdlichen Themen auch interessante Berichte aus dem Bereich „Mode & Lifestyle" zu lesen.

Links: Herausgeberin Petra Schneeweiß (l.) und ihre Tochter Elia.
Foto: Dario Cantoni

116

Text und Fotos: Prof. Mag. phil. Monika Elisabeth Reiterer

Teil 2 / Schluss

Jägerinnen
und ihre „Behauptung"

Auch Jagdhüte symbolisieren die Zugehörigkeit zu einer bestimmten **Gesinnungsgemeinschaft**, wobei hier aus Platzmangel nicht auf die einzelnen landesspezifischen Besonderheiten im Laufe der Epochen eingegangen werden kann. – Nur soviel in Kürze: Da **die Jägerschaften** so gut wie nie (Vor- und Frühgeschichte müssen hier ebenso ausgeklammert bleiben wie die Welt „außerhalb" Zentraleuropas) homogene Gruppen waren und da sie nie ursächlich an den städtischen Raum gebunden waren, bildeten sie **nie eine Zunft**. – Warum? Wiederum nur das Allerwichtigste:

- Der Begriff „Zunft" ist ca. seit dem 9. Jahrhundert belegt und hat die Bedeutung von **Handwerkerverband, Gilde, Innung;**
- Zünfte waren Gruppierungen von Handwerkern, die der jeweiligen **Stadtobrigkeit** unterstanden;
- Zünfte hatten das öffentlich-rechtlich anerkannte Monopol, ganz bestimmte Arbeiten innerhalb des städtischen Bereichs durchzuführen (Zunftordnungen); auf die Entwicklung von sogen. geschlossenen bzw. offenen Handwerken kann hier nicht eingegangen werden;
- schon die römisch-lateinischen Vorgänger-Bezeichnungen, das „collegium" und das „corpus", vereinigten stets Menschen, die **denselben Brotberuf** ausübten;
- Nachfolgeorganisationen der Handwerkerzünfte sind in Österreich die sogenannten **Innungen**.

Wer trotz alledem von einem „zünftigen Jägerburschen" oder von einem „zünftigen Jägergewand" reden möchte, der sollte sich bei einer „zünftigen Jause" bewusst machen, dass er den **Begriff „zünftig"** für alles Jagdliche nur im übertragenen Sinn verwendet, wenn er die geschichtliche Entwicklung nicht auf den Kopf stellen oder einfach negieren will.

Dem Gesagten folgend gab es nie eine einheitliche Zunftkleidung der Jägerschaft, weil es keine einheitliche und ebenso keine Jagdhandwerkerzunft in den Städten gab. – Die mehr oder weniger einheitliche Bekleidung des Jagdpersonals - vor allem im 18. Jahrhundert entsprechend der höfischen Kleidung oft recht aufwendig gestaltet – war eine für die jeweilige Herrschaft typische, nur ihrem Hoheitsbereich zukommende und nach Rängen gesonderte Dienstkleidung.

Was heute immer wieder als „altehr-

Scheiben- bzw. Radlbart
(kreisförmig gebundener Gamsbart)

würdige" Jägerkleidung bezeichnet wird und angeblich alle Standesschranken überbrückt, ist überwiegend eine aus dem 19. Jahrhundert stammende modifizierte bäuerliche Tracht, die ständig modische Neuerungen aus der städtischen Bekleidung aufnahm: Man denke etwa an das sogenannte „steirische Frackerl" oder an den hohen, breitkrempigen „Erzherzog Johann Hut", dessen Vorbild zweifelsfrei der Zylinder war . Die grünen „Lampassen" an den Hosen der Kärntner- und Steireranzüge sind wiederum den Uniformhosen entlehnt.

01. Symbolhaltige Inszenierungen aus Prestigegründen

Dass zu jeder symbolhaltigen Inszenierung – und nichts anderes ist auch das Tragen der Jagdkleidung – schon aus Prestigegründen eine Kopfbedeckung gehört, dürfte nach bisherigen Ausführungen zweifelsfrei feststehen (siehe „Jägerin" Jänner 2012). Selbst wenn sich nicht alle JägerInnen „unter einen Hut bringen" lassen, so wird der **Jägerhut** auch heutzutage von vielen als **soziales Prestigeobjekt** empfunden, ob zugegebenermaßen oder nicht.

Die Jäger der Alpenländer bewahrten sich ihr Vorrecht auf eine „Behauptung". Sie gehen ungern barhäuptig: ja manche nehmen sich noch heute das **Vorrecht, in geschlossenen Räumen den Hut auf dem Kopf zu lassen** oder ihn beim Grüßen (!) nicht abzunehmen. Warum? – Den Jagdhut mit seinen wertvollen

„Die grüne Falkenthaler Jagd"
(Jägerin mit Hund von J. W. Lanz) Quelle: Ergert (1991): Höfische Jagd als Tafelschmuck. Nymphenburger Porzellan, S. 60. - München.

tiert werden. Wie sieht es in Ihrer Zeitschrift aus?

Man muss schon mit der Zeit gehen und dennoch Tradition und Brauchtum wahren. Es kann schon mal diskutiert werden oder kritisch betrachtet, aber wir möchten uns nicht in eine Ecke drängen lassen.

Könnten Sie sich vorstellen, dass Themen wie „Wildbergen leicht gemacht" und „Frauen auf der Nachsuche" in Ihrer Zeitschrift behandelt werden?

Natürlich, genau um diese Themen geht es doch.

In Deutschland nähert sich das Thema „Frauen bei der Jagd" immer mehr der Normalität an, beziehungsweise wird es immer selbstverständlicher, dass Frauen jagen. Wie sieht das Ihrer Meinung nach in Österreich aus?

Genauso ist es auch in Österreich! Beim Jagen gibt es keinen Unterschied zwischen Mann und Frau. Ich bin sowieso der Meinung, dass es nur gemeinsam geht es.

Leidenschaftliche Jägerin

Zu Ihrem privaten Hintergrund: Jagen Sie selber?

Ja, ich jage mit Leidenschaft.

Wie sind Sie zur Jagd gekommen?

In unserer Familie wird seit Generationen gejagt. Wenn man wie ich damit

aufwächst, ist es fast eine Selbstverständlichkeit.

Wo jagen Sie?

Ich jage mitten in den Kärntner Nockbergen in Bad Kleinkirchheim-St. Oswald

Welches ist Ihre Lieblingswildart/Jagdart und warum?

Wir haben in unserem Revier Rot-, Reh- und Gamswild, damit bin ich vertraut. Diese Wildarten sind mir am liebsten.

Was fasziniert Sie an der Jagd?

Dazu könnte ich einen Roman schreiben, es ist alles, was so dazugehört. Draußen zu sein, zu beobachten, jegliche Arbeiten, die damit verbunden sind, einfüttern im Winter ... und im Nachhinein die Erinnerungen und Gedanken, die einem zum Erlebten so einfallen – da könnte ich ins Schwärmen kommen.

Zur Person

Name: Petra Schneeweiß
Beruf: Herausgeberin der Zeitschrift „Die Jägerin – das Jagdmagazin" in Österreich
Wohnort: Bad Kleinkirchheim-St. Oswald
Alter: 47 Jahre
Familienstand: ledig, eine Tochter
Hundeführerin

Infos zur Zeitschrift gibt es im Internet unter:
www.diejaegerin.at

Text und Fotos: Petra Schneeweiß/Zeitschrift „Die Jägerin"

Aus dem Inhalt der Zeitschrift „Die Jägerin".

Irgendwann stellt man sich die Frage, ob Kinder die eigene Passion geerbt haben.

Wie sag' ich's meinem Kinde?

Wann kann ich meinem Sprössling mit zur Jagd nehmen?

Die meisten Jäger sind kinderlieb. Zum einen haben viele von ihnen selber Kinder. Dann stellt sich irgendwann die Frage, ob der Nachwuchs die eigene Passion geerbt hat und wann der richtige Zeitpunkt für einen ersten Ansitz ist. Zum anderen setzen sich viele Weidmännern und -frauen ehrenamtlich ein, um Kindern die Jagd näher zu bringen. Und das ist wichtig, denn Kinder gehen in der Regel ohne Vorurteile an das Thema „Jagd" heran. Durch kindgerechte Veranstaltungen kann ein selbstverständlicherer Umgang mit der Jagd gefördert werden – das kommt auch Erwachsenen zugute.

Viele Initiativen der Jägerschaften, zum Beispiel „Lernort Natur", zeigen, dass die Grünröcke ein Herz für Kinder haben. Da werden Aktionstage mit „echter" Pirsch, Strecke legen und Stücke verblasen organisiert. Schulklassen gehen mit dem Stadtförster auf einen Rundgang mit Erklärungen der Wildarten. Kindergartengruppen verbringen eine ganze Woche im Wald, um Eicheln und Kastanien zum Basteln zu suchen, Nistkästen zu bauen und im Wald aufzuhängen.

Der niedersächsische Hegering Gartow veranstaltete unlängst einen Abend, an dem Wildbret gratis zur Verkostung zubereitet und angeboten wurde. Das Motto des Abends: „Spenden Sie so viel, wie es Ihnen geschmeckt hat." Der Erlös – über 2.000 Euro – ging an eine Initiative gegen Kinderarmut auf dem Land.

Bereits seit mehr als 20 Jahren investieren Jäger laut Deutschem Jagdschutzverband monatlich viel Zeit in ihr ehrenamtliches Engagement, um dem Nach-wuchs die heimische Flora und Fauna nahezubringen. Die Bilanz spricht für sich: Mehr als 200.000 Kinder entdecken jedes Jahr das Abenteuer Natur ganz neu.

Wir selbst haben meinen Stiefsohn Jonas von klein auf immer mit zur Jagd genommen. Er kam liebend gerne mit zum Ansitz, auch im Winter, beim Zerwirken hielt er die Gefrierbeutel mit den Worten „Lecker! Essen wir das heute?" auf – und war auch bei der Kaninchen- und Entenjagd bereits mit zehn Jahren als Hundeführer dabei. Ehrlicherweise muss ich dazu sagen, dass unser Labrador ein routinierter Apporteur war, aber nichtsdestotrotz war Jonas derjenige, der ihm die Kommandos gab und mit ihm die Enten einsammelte.

Für Jonas war Jagd und alles, was damit zusammenhing, selbstverständlich und völlig natürlich. Wir haben ihn viel über das Essen lenken können, denn bei uns gab und gibt es Wildbret nicht nur an Feiertagen, sondern es ist ein ganz normaler Bestandteil des täglichen Speiseplans. Da wurde bereits beim Aufbrechen das jeweilige Stück mit Hack für Nudelsoße oder die Keule mit Kartoffeln und leckerer Soße assoziiert. Auch mit dem Schießen hatte er kein Problem – wir haben im bereits früh erklärt, warum und wieso welches Tier erlegt wird. Und, obwohl wir keine Trophäen-jäger sind, gab es für ihn den ersten Rehbock, den er zusammen mit meinem Mann „erlegt" hat, als Trophäe aufs Brett gesetzt zum Hinhängen ins Kinderzimmer. Dass bei der Jagd Tiere getötet wurden, machte Jonas keine Schwierigkeiten. Allerdings war es ihm sehr wichtig zu wissen, dass das jeweilige Stück nicht leiden musste.

Das Ergebnis: Er hat mit 16 Jahren seinen Jagdschein gemacht und ist heute, mit 23 Jahren, nicht nur ein passionierter und verantwortungsvoller Jäger, sondern er hat gerade sein Forststudium beendet. Was können sich jagende Eltern mehr wünschen, als dass die Kinder in die eigenen Fußstapfen treten? Uns erfreut es sehr und mittlerweile profitieren wir von den jagdlichen Gedanken und Überlegungen der Jugend.

Kinder sind neugierig, aber nicht sehr geduldig

Oliver Dorn hat in seinem Artikel „Hallo Rehbock!" in der Ausgabe 01/2011 der Zeitschrift „HALALI – Jagd, Natur & Lebensart" ebenfalls über das Thema „Kinder und Jagd" und seine Erfahrungen mit dem „Jungjäger"-Nachwuchs geschrieben. Dort beschreibt Dorn den ersten Ansitz mit seinem kleinen Sohn,

der seinen ersten Rehbock mit einem lauten „Hallo Rehbock!" begrüßte. Und weiter: „ ... *Als in den folgenden fünf Minuten kein neues Wild in Anblick kam, geschah das Unvermeidliche: Die kindliche Geduld war zu Ende. „Papa, wann kommen endlich die Schweine. Mir ist soooo langweilig!" Sie kennen das, oder? Die Aufmerksamkeitsspanne von Kindern ist kurz. Der anfänglichen Begeisterung folgt schnell Verdrossenheit. Natürlich können wir von Kindern in diesem Alter beim Ansitz nicht die gleiche Hochspannung erwarten, unter der wir stehen. Seien Sie also nicht enttäuscht, wenn es trotz enthusiastischen Jagdeifers mit der kindlichen Geduld schnell ein Ende hat."*

Ansitz mit Himbeerbonbons

Dazu eine andere Anekdote aus unseren Erlebnissen: Eine Freundin von mir hatte mich immer wieder gefragt, ob wir ihren Sohn Lars mit zur Jagd nehmen könnten. Ich habe lange Zeit versucht, das abzuwenden, da mir Lars als noch nicht „reif" dafür erschien. Als er neun Jahre alt war, habe ich gesagt: „Okay, er kann mit." Mein Mann übernahm es dann, Lars auf einen Ansitz mitzunehmen. Da er von vornherein wusste, dass es vermutlich nicht so geräuschlos und leise zugehen würde wie sonst, wählte er eine Stelle, an dem eventuelle Störungen nicht allzu sehr ins Gewicht fallen würden.

Lars wurde mit allem ausgerüstet, was ein Jäger so braucht: Mütze, Handschuhe, warme Jacke, ein Fernglas. Und meine Freundin schärfte ihm ein, auch ja leise zu sein. Auf dem Weg zum Sitz mussten

Kindern spielerisch die Natur beibringen – so kann es gehen: Von Opa gab es für Jasper die erste „echte" Motorsäge inklusive Ausrüstung.

Natürlich musste die Säge gleich ausprobiert werden: Mit Helm, Handschuhen und Lederhose ging es in Opas Revier.

Ein freundlicher Waldarbeiter half mit: Er hatte einen Baum präpariert, so dass Jasper fachgerecht „lossägen" konnte.

Bis der Baum – mit etwas Unterstützung – kurz darauf zur großen Freude von Jasper fiel. Opa war stolz!

Wenn Kinder verantwortungsvoll und behutsam an die Jagd herangeführt werden, treten sie bestenfalls in unsere jagdlichen Fußstapfen und brauchen irgendwann unsere Unterstützung nicht mehr. Sie gehen dann, wie diese beiden, ihren eigenen jagdlichen Weg.

die beiden an einer Schranke vorbei. Mein Mann ging vorweg. Er hatte eben die Schranke passiert, als ein lautes „Limbo!" hinter ihm erklang und Lars unter der Schranke hindurchtanzte. Eigentlich hätte man aufgrund der Störung böse werden und gleich wieder umdrehen müssen, aber mein Mann dachte sich: „Egal, das Wild kann uns so gar nicht als Jäger ernst nehmen." Auf dem Sitz angekommen, machten die beiden es sich bequem. Nach einigen Minuten hörte mein Mann neben sich auf einmal ein lautes Ratschen: Lars zog sich seine Handschuhe aus – es waren Winterhandschuhe mit einem Klettverschluss. Danach kam der Reißverschluss der Jacke an die Reihe, dann Geraschel. Schließlich hielt Lars ein Bonbon in der Hand und fragte mit wenig gedämpfter Stimme: „Willst Du auch einen? Das sind Himbeerbonbons, die hat Mama mir mitgegeben, wir sollen sie teilen."

Das knisternde Papier wurde abgewickelt, der Bonbon verschwand im Mund und Lars steckte das Papier unter weiterem Geraschel in die Jacke. Dann wieder der Reißverschluss hoch und – ratsch, ratsch – die Handschuhe zu.

Mein Mann erzählte später, dass er in diesem Augenblick ziemlich sicher war, dass spätestens jetzt auch das toleranteste Stück Wild einen großen Bogen um diesen Sitz machen würde. Kaum zehn Minuten später, das Bonbon war wohl aufgelutscht, hörte er neben sich auf einmal: „Guck mal, jetzt bist Du ganz weit weg" – Lars war tatsächlich einigermaßen geräuschlos aufgestanden, hatte sich auf das Sitzbrett gestellt und hielt das Fernglas verkehrt herum. Dann drehte er es richtig herum, leuchtete die Schneise ab und meinte: „Also, da ist kein Tier." Die beiden blieben nur noch einen Augenblick, baumten dann ab und mein Mann brachte Lars nach Hause. Dort trafen wir uns. Meine Freundin fragte Lars, wie es war. Er meinte: „Ja, ganz gut. Aber wir haben kein Wild gesehen, das war schade." Vor dem Zubettgehen bekam er als Andenken noch eine Gehörnstange geschenkt, die er stolz mit in sein Zimmer nahm. Dann erzählte mein Mann die ganze Geschichte und woran es gelegen haben könnte, dass „kein Stück in Anblick gekommen war". Während meine Freundin leicht entsetzt war, dass ihr Sohn sich „so benommen" hatte, mussten wir anderen doch herzlich lachen.

Wann sind Kinder soweit?

Wann Kinder soweit sind, wirklich mit auf die Jagd zu gehen, ist meiner Meinung nach keine Frage des Alters. Ist das eine Kind mit vier Jahren vielleicht schon bereit, sich entsprechend zu verhalten und auch die Erlegung eines Stückes zu verkraften, braucht ein anderes länger oder schafft es nie. Das bestätigt auch Oliver Dorn in seinem oben genannten Artikel: „Wann fürs Kind der richtige Zeitpunkt gekommen ist, als unmittelbarer Zuschauer mit dem Tod Bekanntschaft zu machen, lässt sich nicht leicht abschätzen. Wichtig ist es, mit Geduld, Einfühlungsvermögen und Gesprächen das Erlebnis vorzubereiten und schließlich den passenden Moment zu erkennen."

Es ist in der Tat wichtig, wenn Kinder an die Jagd herangeführt werden, es nicht mit der „Dampfhammer-Methode" zu versuchen, nach dem Motto: „Da muss das Kind jetzt durch." Damit macht man mehr kaputt, als dass es funktioniert,

und vergällt unter Umständen einem Kind sein Leben lang die Jagd. Man muss es auch akzeptieren, wenn das Kind keine Lust zum Jagen hat. Wer sein Kind dann zwingt mitzukommen, weil man es selber so gerne möchte, erreicht genau das Gegenteil.

Eine Voraussetzung, dass Kinder die Tötung eines Tieres verstehen, sind viele Gespräche und vor allem kindgerechte Erklärungen. Einem Dreijährigen nützen Begriffe wie Hege, Abschussplan und Überpopulation wenig. Wenn aber erklärt wird, dass zum Beispiel die Rehe den Wald auffressen, dann selber Hunger haben, weil kein Fressen mehr da ist oder man ein krankes Tier, das nicht zum Arzt gehen kann, von seinem Leiden erlöst, ist das schon ein anderer Ansatz. Trotz allem Traditionsbewusstsein müssen Kinder auch nicht sofort jeden Begriff der Weidmannsprache wissen und richtig anwenden können. Wenn ein Wildschwein eine lange Nase hat, das Stück Damwild mit den Ohren wackelt und auf einen Hochsitz hinaufgeklettert wird, ist das meiner Meinung nach vollkommen in Ordnung. Die richtigen Begriffe können nach und nach korrigiert werden.

Man sollte Kinder nicht überfordern, damit die Freude am Abenteuer Jagd bestehen bleibt. Spätestens, wenn man, wie auch Oliver Dorn schreibt, ein „Mama, schieß! Wir brauchen das Fleisch." vom Sprössling zugeraunt bekommt, wissen Eltern, dass sie alles richtig gemacht haben.

Text: Katrin Burkhardt
Fotos: Sven Johns (4), Peter Burkhardt (2)

„Für manche Jäger hört das Jagen nach dem Schuss auf. Für sie geht es in erster Linie leider wirklich nur um das Erlegen und nicht um das Verwerten hinterher."
Katrin Burkhardt

Geheimsache Jagdschein

Ein Portrait über Katrin Burkhardt, freie Journalistin

Ginge es allein nach meinem familiären Hintergrund, wäre das Jagen für mich eigentlich eine logische Konsequenz gewesen. Mein Vater war nämlich Bundesförster, mein Urgroßvater und Großvater waren beides Jäger. Das „Jagd-Gen" war also ausreichend vorhanden – und damit ist eigentlich alles gesagt. Eine ziemlich kurze Geschichte – vorhersehbar und mit Sicherheit nicht sonderlich spannend. Aber so war es nicht. Bis ich Jägerin wurde, hat es immerhin fast 30 Jahre meines Lebens gedauert. Jagdlich war ich eher ein Spätzünder – aber wie heißt es so schön: Besser spät als nie ...

Warum ich nicht schon viel früher den Jagdschein gemacht habe? Auch hier trifft es ein Sprichwort ganz gut: Gut Ding will Weile haben – es hat einfach gedauert, bis das „Jagd-Gen" in mir vollständig zum Vorschein kam.

Ich war schon als Kind immer gerne und viel in der Natur unterwegs. Wir wohnten damals nicht in einem idyllischen Forsthaus mitten im Wald – das erlebe ich mit meiner eigenen Familie erst jetzt – sondern, da mein Vater Bundesförster war, in einem normalen Einfamilienhaus am Rande eines ruhigen Wohnviertels. Allerdings lag das Grundstück keine 200 Meter von einem weitläufigen Waldgebiet entfernt, so dass ich als Kind viele Stunden dort verbrachte. Meine Mutter und meine ältere Schwester waren auch durchaus naturverbunden. Beide haben aber bis heute keine jagdlichen Ambitionen.

Lehrstunden mit dem Förster

Jagd gehörte bei uns natürlich zum Alltag: die Trophäen im Büro meines Vaters genauso wie die Wachtelhündin, die Sprühdosen zum Auszeichnen in der Garage, das Entenrupfen in der Küche, der Geruch von abgekochten Gehörnen oder der ausgestopfte Fasan auf dem Waffenschrank. Ich bin auch immer gerne mit meinem Vater ins Revier gefahren und habe ihn beim Ansitz begleitet.

Da gab es allerdings eine Sache, die mir das Mitgehen ein wenig verleidete. Mein Vater brachte mir im Laufe der Zeit dies und das aus Wald und Flur bei – vor allem Pflanzen- und Tiernamen. Bei den Revierfahrten hieß es dann immer: „Was ist das für eine Pflanze? Wie heißt der Vogel, der da gerade ruft?" Da ich nicht regelmäßig diesen „Unterricht" genoss, sondern immer nur dann, wenn es zeitlich passte, vergingen zwischen den Lehrstunden auch mal ein paar Tage mehr.

Tiere konnte ich mir gut merken, Vögel schon weniger und Pflanzen – ein Buch mit mindestens sieben Siegeln. Wusste ich etwas nicht, sagte mein Vater immer: „Du bist mir ja eine schöne Försterstochter", allerdings stets mit einem gut gemeinten Lächeln. Manchmal rollte er allerdings auch genervt mit den Augen, wenn mir beim Anblick der gelb blühenden Pflanze partout nicht „Hahnenfuß" einfallen wollte, oder ich mal wieder den Ruf des Schwarzspechts anfangs nicht erkannte. Heute ist es bei uns in der Familie ein beliebter Scherz, wenn jemand fragt: „Was für Vogel ist das?", weil es immer ein Schwarzspecht ist.

Ohne Hund? Geht gar nicht!

In meiner Kindheit gehörte zu unserer Familie eine braune Wachtelhündin namens „Falka". Sie hing mit einer abgöttischen Liebe an meinem Vater. Nur wenn ich krank war, lag sie stundenlang am Fußende meines Bettes und war dort nicht wegzubekommen, bis ich wieder gesund war. „Falka" war für mich ein toller Spielkamerad. Ihre Funktion als Jagdhund spielte für mich keine besondere Rolle.

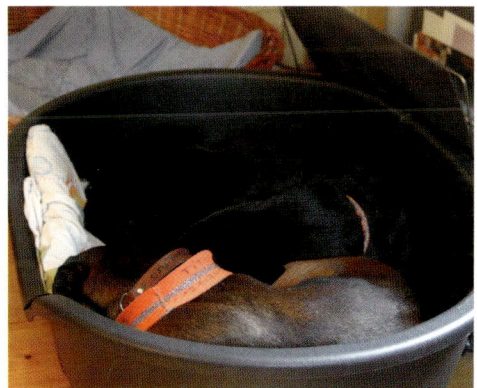

Ein(er) Korb für alle: Unser Familienrudel besteht heute aus Katze „Emma" (links), Seniorhündin „Lotte" (schwarz) und dem Bayerischen Gebirgsschweißhund „Titus".

Hunde gehörten schon immer zu meinen Lieblingstieren. Als Kind kannte ich sämtliche Hunde in der näheren und weiteren Nachbarschaft mit Namen – im Gegensatz zu dem ihrer Besitzern. Mein größter Traum war immer ein eigener Hund. Es hat aber relativ lange gedauert, bis ich ihn mir erfülllen konnte. Meine erste Hündin „Lotte" ist mittlerweile fast 14 Jahre alt. Ich habe sie häufig mit zum Ansitz genommen, und auch das Apportieren hat ihr immer große Freude gmacht. Heute genießt sie alle Vorzüge eines Seniorenhundes.

Neben „Lotte" gehört noch der vierjährige Bayerische Gebirgsschweißhund „Titus" sowie unsere Katze „Emma" zu unserem Familienrudel. Ja, richtig, eine Katze. Wir wohnen in einem alten Forsthaus und ohne unseren fleißigen Mäusefänger würden die kleinen Nager auf den Tischen tanzen. Im Übrigen halte ich überhaupt nichts von dem Kreuzzug vieler Jäger gegen Katzen – doch das ist ein anderes Thema. Obwohl „Titus" ein echter Nachsuchenspezialist ist, arbeite ich nicht mit ihm. Mein Mann wollte schon immer so einen Hund führen und mit ihm arbeiten. Ich habe von vornherein gesagt, dass ich alles mit dem Hund machen werde – nur nicht nachsuchen. Das ist mir viel zu nervenaufreibend. Ich habe größten Respekt vor allen, die diese ungemein wichtige Tätigkeit mit ihren Hunden ausüben. Aber ich würde vor Angst um meinen Hund mit Sicherheit keinen Fangschuss anbringen können. Darum lasse ich es gleich.

Aber zurück zur Jagd. Zu elner meiner schönsten Kindheitserinnerungen ge-

hört ein Ansitzabend mit meinem Vater. Es muss Mai gewesen sein, ich war vielleicht zehn Jahre alt, und mein Vater hatte mich mit zur Bockjagd genommen. Wir pirschten zu einer kleinen Lichtung, an der ein offener Sitz stand. Mein Vater ging vorweg und ich auf leisen Indianersohlen hinterher – das dachte ich zumindest. Aber obwohl ich mir extreme Mühe gab, knackte hier und dort ein Ästchen. Mein Vater drehte sich jedes Mal gespielt böse um, ich zuckte zusammen, aber er zog sofort irgendwelche komischen Grimassen, so dass ich kichern musste – das war für das gewandte und jägermäßige Anpirschen nicht unbedingt förderlich, nahm mir aber ob des Knackens das schlechte Gewissen.

Der Regenbock

Oben auf dem Sitz machten wir es uns gemütlich. Es verging einige Zeit. Nachdem ich anfangs noch die standardmäßige Frage meines Vaters – richtig: „Was ist das für ein Vogel?"– zu seiner Zufriedenheit beantwortet hatte, schwiegen wir. Das Licht begann sich allmählich zu verändern, es zogen dunkle Regenwolken auf. Mein Vater entschied, erst einmal sitzen zu bleiben.

Da der Sitz zwar offen war, aber zum Glück ein Dach hatte, war es nicht weiter schlimm, als es fürchterlich anfing zu schütten. Ein echter Mairegen kam da vom Himmel. Mein Vater bedeutete mir, mich in die eine Ecke zu setzen, die Beine auf dem Sitzbrett anzuziehen. Er machte es genauso. Dann stülpte er mir seinen Försterhut übcr. Es regnete in Strömen – aber auf unserem Sitz war es kreuzge-

„Das Warten nach dem Schuss ist manchmal das Schlimmste beim Jagen."
Katrin Burkhardt

mütlich. Wir hatten es einigermaßen trocken, um uns herum goss es wie aus Kübeln, der Regen rauschte in den Bäumen. Nach einer Weile klarte der Himmel auf und die letzten Strahlen der Abendsonne brachen durch die Wolken. Was war das für ein Glitzern und Funkeln überall. „All überall auf den Tannenspitzen, sah ich goldene Lichtlein blitzen" – falsche Jahreszeit und Baumart, da um uns herum überwiegend Laubbäume standen, aber genauso war es. Dann fing der Boden an zu dampfen und dichter, weißer Nebel stieg von der Lichtung auf – eine unglaublich verwunschene Stimmung, die ich bis heute nicht vergessen habe. Mein Vater genoss es, glaube ich, genauso wie ich.

Eine Weile später signalisierte er mir, dass wir abbaumen wollten. Ich nahm noch mal das Fernglas, um zu sehen, ob die Fläche auch wirklich leer war (so

hatte er es mir beigebracht) und entdeckte am Waldrand ein Reh – es war ein Bock. Ich wurde auf einmal sehr aufgeregt und stupste meinen Vater an. Er hob sein Glas, ließ es schnell wieder sinken und machte das Daumen-hoch-Zeichen. Kaum hatte ich mir die Finger in die Ohren gesteckt, da brach auch schon der Schuss. Im ersten Impuls wollte ich sofort abbaumen, da das Stück im Nebel verschwunden war, aber dann erinnerte ich mich an eine weitere Regel meines Vaters: erst warten, dann zum Stück gehen. Diese Zeit kam mir damals, und so ist es auch heute noch, unendlich lange vor. Endlich baumten wir ab und gingen zum Anschuss. Dort lag der Bock mausetot im Gras.

Ich weiß nicht mehr, was für eine Trophäe es war, es war auch völlig unwichtig. Aber ich erinnere mich noch sehr gut an die Freude und den Stolz, den ich empfunden habe, gemeinsam das Stück bekommen zu haben. Erst dieser zauberhafte Regenwald, dann hatte ich das Stück entdeckt, mein Vater hatte geschossen – das „Jagd-Gen" wurde in diesem Moment in mir erweckt. Es sollte allerdings noch fast 20 Jahre dauern, bis sich dieses Gen komplett durchgesetzt hatte. Ich habe jagdlich noch viel mit meinem Vater erlebt, aber dieser „Regenbock" blieb mir immer im Gedächtnis.

Später spielte durch meinen jagdlich sehr aktiven Mann das Jagen weiterhin eine große Rolle in meinem Leben. Auch

verblasen wollte. Doch dazu kam es nie. Stattdessen wurde der Wunsch, selbst den Jagdschein zu machen, immer größer. Mir gingen auch allmählich die Fragen und abschätzenden Blicke anderer Jäger auf die Nerven: „Du hast keinen Jagdschein? Naja ...".

Dann wurde in einer Jagdschule in unserer Nähe ein Wochenendkurs angeboten. Das passte mit meinem Redaktionsjob damals gut überein. Ein Freund und ich meldeten uns kurzerhand an. Aber ich wollte, dass niemand, außer meinem Mann und meinem Stiefsohn, aus meiner Familie davon erfuhr. Wenn

mit ihm bin ich viel und gerne mitgegangen. Eine ganze Zeit lang reichte mir das auch, da ich – bis auf das Schießen – eigentlich alles, was sonst zur Jagd dazu gehört, bereits machte. Irgendwann fing ich mit dem Jagdhornblasen an, da ich meinen Vater damit überraschen und eines Tages ein Stück Wild von ihm

es schon mit dem Verblasen des Stückes nicht geklappt hatte, wollte ich meinen Vater mit dem Jagdschein überraschen – sollte ich ihn jemals bestehen. Lange Rede: Es folgten mehrere Wochen, in der die „Geheimsache Jagdschein" lief. Zwischendrin gab es lustige Szenen: Der Kurs fand wie gesagt immer am Wo-

132

chenende statt. Manches Mal riefen meine Mutter oder meine Schwester an und wollten mich sprechen. Unser Junior wollte nichts verraten und sagte: „Sie ist einkaufen" – niemandem fiel auf, dass es Sonntag war ... Meine Schwester wurde schließlich doch misstrauisch und wollte wissen, was los ist. Ich erzählte es ihr unter dem Siegel der Verschwiegenheit. Sie hielt dicht.

Durch meinen Vater und die vielen Begleitansitze wusste ich bereits gut Bescheid, zumindest in Wildbiologie und Hundewesen. Natürlich galt es auch dort das eine oder andere noch zu lernen.

den, das musst Du doch wissen", kam als Antwort. Er hatte Recht, ich hatte bis dahin viel lebendes oder totes Wild gesehen, aber natürlich nie darauf geachtet, ob Damwild nun einen Wedel hat. Der gehörte einfach zum Gesamtbild dazu und ich hatte mir dieses doch wichtige Detail nie gemerkt. Ich werde es nie wieder vergessen: Damwild hat einen Wedel!

Nach mehreren Wochen der Geheimhaltung, doch erstaunlich viel Lernstoff und sehr viel Geduld meines Mannes – ich war und bin eine extrem schlechte Flintenschützin; was hat der arme

Hat Damwild einen Wedel?

Eine kleine Andekdote dazu: Ein Ausbilder fragte mich einmal, ob Damwild einen Wedel hätte. Ich sah ihn fassungslos an: „Wedel? Woher soll ich das denn wissen?" „Na, Du hast doch schon vor Hunderten toten Stücken gestan-

Mensch mit mir üben müssen – war es irgendwann tatsächlich geschafft: Ich hatte bestanden!

Überraschung gelungen?

Mit dem Jägerbrief und dem Prüfungszeugnis ging es dann zu meinem Vater. Wir saßen am Kaffeetisch als ich meinem Vater ganz beiläufig den Umschlag mit den Worten überreichte: „Papa, ich habe da etwas gemacht, das musst Du Dir ansehen. Vermutlich brauche ich Deine Hilfe." Er nahm den Umschlag mit einem Gesichtsausdruck, der eindeutig besagte: „Was hat sie jetzt wieder angestellt?" Je weiter er las, umso mehr hellte sich sein Gesicht auf. Anschließend nahm er mich lachend in den Arm und sagte: „Da hast Du mich ja schön gefoppt! Ich hätte nie gedacht, dass Du jemals den Jagdschein machen würdest." Die Überraschung war gelungen!

Plötzlich verschwand mein Vater. Als er zurückkam, hatte er seine Waffe in der Hand und meinte, nun müsse ich Probeschießen. Er wollte immer noch nicht so ganz glauben, dass ich tatsächlich schießen konnte. Er betreute mittlerweile einen Truppenübungsplatz, so dass wir eine Schießbahn nutzen konnten. Mein Vater baute einen Karton mit einem gemalten Punkt in der Mitte auf und ich musste darauf schießen. Und zwar nicht nur im Sitzen, nein, auch stehend angestrichen und sogar im Liegen. Jeden Schuss verfolgte er durch sein Fernglas. Ich fand mich gut, aber er sagte nichts. Am Ende holte er den Karton, sah sich lange schweigend das Ergebnis an, brummte ein bisschen, schüttelte leicht

den Kopf und zog die Stirn kraus. Ich schwitzte derweil vor mich hin. Hatte ich etwa nicht getroffen? Doch, ich hatte, denn auf einmal grinste er und sagte: „Das war sehr ordentlich. Dafür hast Du jetzt bei mir eine Sau frei!" Oh Gott, war ich erleichtert!

Die Sauen-Odyssee

Dann gingen wir tatsächlich zusammen jagen. Es war erst ein merkwürdiges Gefühl, dass ich nun diejenige war, die die Waffe trug. War es doch jahrelang andersherum gewesen. Ich weiß nicht mehr, wie viele Ansitze wir benötigt haben, bis ich meinen ersten Frischling erlegte – aber es waren einige.

Im Revier meines Vaters gab es Dank seiner Art zu jagen (Ruhezone, keine Nachtjagd) tagaktives Wild. Dazu gehörte auch das Sschwarzwild. An Möglichkeiten mangelte es also nicht. Wohl aber an meinem anfänglichen Unvermögen. Mein Vater führte mich zu den besten Plätzen und ließ mich alles versuchen: Ich sollte stehend auf der Leiter schießen, auf seinem Knie auflegen, mich hinknien, wir saßen auf Ansitzböcken und Leitern, ich sollte statt einer Sau ein Stück Rotwild schießen, war die Trefferfläche doch ungleich größer – nichts funktionierte. Er war verzweifelt, ich zermürbt.

Bis ich ihn fragte, ob er vieles von dem, was er von mir verlangte, in seinen Anfängerjahren auch schon gemacht hätte. Hatte er nämlich nicht. Dieser Denkanstoß half uns beiden. Er sorgte für eine stabile Situation, in der ich ganz in

Meine Familie und ich sind in erster Linie „Fleischjäger". Unser erlegtes Wildbret wandert stets in die Pfanne.

Ruhe schießen konnte und siehe da – mein erstes Stück, der Frischling, lag im Knall. Große Freude!

Der Doppelschuss

Im daraufolgenden Herbst gingen wir wieder einmal gemeinsam zur Jagd. Wir saßen an einer großen Wildwiese. Dieses Mal sollte es ein Stück Dam- oder Rotwild sein. Zunächst kam ein Damtier mit einem Kalb. „Das kannst Du schießen", raunte mir mein Vater zu. Können

war gut gesagt, ich hatte extremes Jagdfieber – und wurde einfach nicht fertig. Nachdem ich beschlossen hatte, nicht zu schießen, vergingen kaum fünf Minuten als das Kalb anfing, bei dem Tier zu trinken. Wir sahen uns nur kurz an und dachten beide das Gleiche: „Gute Entscheidung!"

Kurze Zeit später zogen mehrere Stücke Rotwild auf die Fläche, darunter ein Abschusshirsch. „Willst Du den?", flüsterte mein Vater. Oh ja, jetzt wollte ich. Dass es ein Geweihträger war, spielte für mich keine Rolle, aber es war ein wesentlich besseres Gefühl, als dem Tier sein Kalb wegzuschießen.

Ich war fest entschlossen, das Stück zu erlegen, aber: Der Hirsch tat sich, kaum dass er in Schussweite war, nieder. Ich lag im Daueranschlag, doch er machte keine Anstalten, sich aufzunehmen. Mir wurden die Arme lahm. Gerade, als ich sagen wollte, dass ich die Waffe nicht mehr halten kann, hörte ich meinen Vater flüstern: „Es kommen noch welche. Da ist sogar ein abnormer Hirsch dabei. Ich habe eine Idee: Du versuchst diesen Hirsch zu bekommen und ich den einen Spießer. Du darfst Dich nur nicht nach dem Schuss bewegen." Was für ein Plan, ich nickte.

Die Stücke kamen näher, kaum stand „mein" Hirsch breit, schoss ich und blieb auf dem zusammengebrochenen Stück und hielt still – soweit es mir mein Jagdfieber erlaubte, denn ich fing fürchterlich anzuzittern. Gleich darauf knallte es neben mir, der Spießer zeichnete deutlich, ging aber flüchtig ab. Wie immer hieß es nun warten. Nach wieder einmal einer kleinen Ewigkeit, baumten wir ab und gingen zu meinem Stück. Es war ein ungerader Sechser, der auf der einen Seite eine schwache Sechserstange und auf der anderen nur einen Spieß hatte. Mir fiel ein Gebirge vom Herzen, da der Schuss gut war und der Hirsch sofort verendet war. Mein Vater nahm mich in de Arm, überreichte mir einen Bruch und wünschte „Weidmannsheil!" Ich verstand noch gar nicht, was da gerade passiert war.

Mein Vater erklärte dann: „Ich hole jetzt das Auto und den Hund. Dann gucken wir nach dem Spießer. Ach ja, mein Großvater hat in in solchen Situationen immer gesagt: Du bleibst hier so lange sitzen und denkst über Deine Sünden nach." Ob das mit meinem Urgroßvater stimmte, weiß ich bis heute nicht. Aber mein Vater hat das zu jedem seiner Jagdgäste gesagt, denen er auf diese Weise immer einen Augenblick alleine mit ihrem jeweiligen Stück verschafft hatte.

Bevor er ging, drehte er sich noch mal augenzwinkernd um: „Ach ja, und wenn jetzt ein großer Keiler kommt, schießt Du den auch noch!" Das hatte zur Folge, dass ich nach allen Seiten sichernd mich mehr auf meine Umgebung als auf meine Sünden konzentrierte. Nicht, weil ich unbedingt auch noch einen dicken Keiler schießen wollte, sondern aus dem mulmigen Gefühl heraus, dass so ein gefährliches Tier tatsächlich auftauchen könnte.

Das Ende der Geschichte ist schnell erzählt: Seinen Spießer fanden wir nach ungefähr 30 Metern, ohne den Hund – und ein (großer) Keiler kam zum Glück nicht in Sicht.

Mein Vater hat mich jagdlich sehr geprägt. Ich habe viel von ihm gelernt, vor allem den Respekt dem Wild gegenüber. Und auch, dass gerade das Nichtschießen und Beobachten mindestens genauso befriedigend und schön sein kann – trotz aller Notwendigkeit, Wild reduzieren zu müssen.

Die gemeinsame Freude über ein Stück und die jagdlichen Erlebnisse zu teilen, ist für mich mit das Schönste an der Jagd. Jagdneid selber kenne ich nicht, habe es bei anderen allerdings schon häufig erlebt. Gerade in Männerrunden, es ist leider so. Bei den Frauen, mit denen ich bisher zusammen gejagt habe, stand – bis auf wenige Ausnahmen – stets das Mitfreuen und Teilhaben im Vordergrund. Kurz nachdem ich den Jagdschein hatte, habe ich so Etwas wie Jagdneid gerade von einer nichtjagenden (!) Ehefrau erfahren. Ich hatte den besagten Rothirsch erlegt und Freunden davon erzählt. Die Frau meinte dazu: „Also, das geht doch nicht, als Jungjägerin gleich einen Rothirsch zu schießen. Das steht Dir noch gar nicht zu. Man fängt zuerst mit einem Fuchs an." Was soll man dazu sagen? Unser Freund, ein sehr traditionsbewusster Jäger, hatte sich mit mir gefreut. Dass seine Frau sich zu so einem Kommentar hinreißen ließ, war ihm sichtlich unangenehm.

Heute habe ich das Glück in einem Umfeld zu leben, in dem das gemeinsame Jagen häufig praktiziert wird. Das Geschlecht oder auch das Alter spielen dabei keine Rolle. Die meisten sind auch „Fleischjäger" wie wir, Trophäen sind eher unwichtig. Es wird auch gerne mal gemeinsam ein Hirsch oder eine besondere Sau totgetrunken, aber dann spielt das Erlegerglück die wichtigere Rolle, nicht die Trophäe an sich. Das kommt meinem jagdlichen Verständnis sehr entgegen.

Ich jage, um Nahrung zu bekommen

Für manche Weidmänner geht es in erster Linie leider wirklich allein um das Erlegen, nicht um das Verwerten. Für sie hört das Jagen nach dem Schuss auf. Es kümmert sie nicht, was hinterher aus dem Stück wird. Diese Beobachtung habe ich häufig bei Drückjagden, aber auch bei manchem Revierinhabern gemacht. Doch gerade das Generieren und Verwerten von Fleisch macht die Jagd für mich sinnvoll. Wildbret ist gesund und es gibt wenig Fleisch, das eine bessere Qualität hat. In dieser Beziehung stehe ich ganz auf der Seite unserer Vorfahren, den Steinzeitjägern: Ich jage, um Nahrung zu bekommen.

Ich verurteile niemanden, der sich über Trophäen freut – das muss jeder mit sich selber ausmachen. Wobei ich nicht nachvollziehen kann, wenn zum Beispiel ein Rothirsch in der Brunft geschossen wird, nur weil man den „Knochen" an der Wand hängen haben muss – mir tut es schlicht um das Wildbret leid, das dann aufgrund des Brunftgeruchs verworfen wird. Oder dass

manche Jäger die Meinung vertreten, man müsste als erstes das Leittier eines Rotwildrudels schießen, damit die restlichen Stücken leichter zu erlegen sind. Das verurteile ich allerdings, weil es weder jagdlich sinnvoll noch tierschutzgerecht ist. Früher habe ich gerade mit älteren Jägern diverse Diskussionen über Jagd im Allgemeinen geführt. Inzwischen lasse ich mich darauf nicht mehr ein, weil viele in ihrem jagdlichen Gedankengut zu borniert sind – und besonders einer Frau gar nicht zuhören.

Für mich gehören zur Jagd eine genaue Wildkenntnis, das richtig Ansprechen können genauso wie das Beherrschen des Schießens und das Aufbrechen. Wer sich zum Jagen entschließt, sollte sich nicht nur einen Teil davon heraussuchen. Es geht bei der Jagd nicht darum, wer die meisten Stücke oder die größte Trophäe erlegt hat, sondern wie wir Jäger uns dem Wild gegenüber verhalten – nämlich fair und tierschutzgerecht. Jagd kann Genuss, Spannung, Notwendigkeit und Erholung sein. Wer sich darüber ein Urteil erlauben will, sollte sich vorher mit allen dazugehörigen Bereichen auseinandersetzen.

Zur Person

Name: Katrin Burkhardt
Beruf: Journalistin
Wohnort: Gartow
Alter: 40 Jahre
Familienstand: verheiratet, ein Stiefsohn
Jagdschein: 2003 an der Natur- und Jagdschule Schloss Lüdersburg erworben
Jagdhornbläserin

Text: Katrin Burkhardt, Fotos: Peter Burkhardt

„Die meisten angehenden Jägerinnen haben Angst vor der Bloßstellung."
Eine Jungjägerin, 23 Jahre

Die Jagd im Netz der Netze

Wie wird das Thema „Frauen & Jagd" im Internet behandelt?

Seit uns das Internet zur Verfügung steht, gibt es kaum ein Thema, das dort nicht mehr oder weniger ausdauernd diskutiert wird – je brisanter es ist, um so besser. Dazu gehört auch die Jagd. Bei der Recherche zum Thema „Frauen & Jagd" bin ich im Netz der Netze unter anderem auf das Jägerforum der Seite www.jagd.erleben.landlive.de gestoßen. Dort tauschten sich die User rege unter anderem über jagende Frauen aus. Diese Diskussion spiegelte die zahlreichen Aspekte des Themas so anschaulich wieder, dass ich einen Auszug daraus für dieses Buch zusammengestellt habe. Ich habe beispielhaft zwei Fragen und einen Teil der Antworten dazu ausgewählt.

Eine Userin wandte sich mit der folgenden Frage an die Community: „*Ich überlege, ob ich den Jagdschein machen soll. Dazu hab ich ein paar Fragen, vor allem an Euch Frauen, die bereits den Jagdschein haben. Warum habt Ihr Euch dazu entschlossen, den Jadschein zu machen? Welche Erfahrungen habt Ihr als Frau in der Jägerschaft akzeptiert zu werden – oder kommen da auch blöde Sprüche? Sind bei Euch viele Frauen dabei? Ich kenne viele Jäger, aber bei uns sind eigentlich keine Frauen dabei. Ich würde mich freuen, wenn ich ein paar Rückmeldungen bekommen könnte!*" Die „Oberpfälzerin", wie sie sich nannte, führte dazu noch an, dass sie auch aus wirtschaftlicher Sicht einen Jagdschein machen würde. Sie ärgerte sich, dass scheinbar die ansässigen Jäger nichts gegen die Komorane, Grau- und Silberreihen unternahmen, die aus ihren Teichen die Fische raubten. Sie schrieb: „*Da kommen jedes Frühjahr zwischen 30 und 50*

Komorane, fressen sich voll und fliegen weiter – jeder Vogel frisst zwei Kilo Fisch am Tag. Das Ganze dauert drei Wochen, bis sie ihre Jungen groß haben – da wird man ja verrückt!" Die Userin beklagte zudem die Vermehrung des Schwarzwildes und wünschte sich Kommentare dazu.

Respekt und Höflichkeit

Aus den verschiedenen Antworten wurde ersichtlich, dass die meisten der Meinung waren, dass man als Frau durchaus den Jagdschein machen sollte. Die Aufnahme in der Jägergemeinschaft war in der Regel herzlich und jede Jägerin war willkommen. Eine Userin schrieb dazu: „*Eine blöde Anmache als Jägerin habe ich ausschließlich im Internet erlebt. Vor Ort immer nur herzliche Jagdkameradschaft. Es gibt bei uns zehn Jägerinnen unter 500 Jägern, davon gehen aber die meisten aktiv auf die Jagd.*"

Als Grund für ihren Jagdschein gab diese Userin ihren Jagdhund an. Damit sie mit ihm verschiedene Prüfungen absolvieren konnte, brauchte sie den Jagdschein. *„Aus dem Muss wurde dann aber Passion"*, so die Jägerin.

Keine negativen Erfahrungen

Auch Männer antworteten der „Oberpfälzerin" auf ihre Frage. Einer erzählte, dass er von seiner eigenen Frau überrascht wurde, indem sie sagte: *„Ich brauche morgen ein Gewehr."* Die Dame hatte sich – ohne es mit ihm abzusprechen – für den Jagdscheinkurs angemeldet. *„Ich bin aus allen Wolken gefallen. Aber ich finde es gut. Sonst war sie ja auch oft mit zum Ansitz. Künftig trägt sie eben ihr eigenes Gewehr, auch wenn es noch ein paar Monate dauert. Beim Ansitz hat sie mir immer Glück gebracht"*, fasste der Jäger zusammen.

Ein Jäger aus Frankfurt am Main beschrieb, dass in seinem Jagdverein *„die Frauen das Ruder an sich gezogen haben. Sie sind mit 50 % im Vorstand vertreten, leiten den Jungjägerlehrgang und so weiter."* Bei jeder Treibjagd hatte er immer wieder erleben können, wie die Frauen beneidenswerterweise im Vordergrund standen.

Eine 58-jährige Jägerin berichtete von ihrem Werdegang: *„2003 habe ich meinen ersten Jahresjagdschein gelöst. Ich habe weder während der Ausbildung, noch danach im täglichen Jagdbetrieb negative Erfahrungen mit Vorurteilen ect. gemacht. Ganz im Gegenteil, überall ist man mir mit Höflichkeit und Respekt*

begegnet, wie es sich für einen weidgerechten Jäger gehört."* Sie machte in ihrem Beitrag aber auch deutlich, *„dass man als Frau in der Regel mehr lernen muss. Nicht unbedingt um besser als die männlichen Jäger zu sein, sondern eher, um das handwerkliche Geschick zu verbessern. Welche „normale" Frau kann mit einer Kettensäge umgehen? Auch in der Waffenhandhabung ist „frau" zu Beginn etwas ungeschickter – sei es aus Respekt vor der Waffe oder aus mangelnder Vorbildung wie zum Beispiel die Bundeswehr."* Die Jägerin erzählte weiter, dass sie seit einigen Jahren im Vorstand des heimischen Wurfscheibenclubs tätig ist und *„Auch hier bringen mir meine knapp 120 Männer den gehörigen Respekt entgegen."*

Zum Schluss gab sie Folgendes weiter: *„Ich kann nur jeder Frau, die Passion zur Jagd hat, empfehlen, die Jägerausbildung zu machen, sich praktische Fähigkeiten im täglichen Jagdbetrieb zu erwerben und dieses schöne und traditionsreiche „Hobby" (ich mag das Wort eigentlich nicht) auszuüben. Wenn mich Jagdgegner nach meinen Beweggründen fragen, antworte ich nur kurz: Ich esse Fleisch, also muss ich auch in der Lage sein, zu töten. Das mache ich tierschutzgerecht und sicher. Fast immer erübrigt sich dann eine weitere Diskussion!"*

Ein 60-jähriger Jäger mit dem Usernamen „Keiler" gab zu bedenken: *„Wenn Du etwas vorhast, solltest Du selber davon überzeugt sein und voll dahinter stehen, egal ob dumme Sprüche kommen. Die kommen mit Sicherheit genauso wie sie auch bei mir gekommen sind,* und da spielt es keine Rolle, ob Du Mann oder Frau bist. Bei der Jagd werden die Ur-Instinkte des Menschen geweckt. Jagd- und Futterneid spielen dabei eine nicht ganz kleine Rolle. Solltest Du also das nur mal so aus einer, sagen wir mal, Gefühlsduselei machen wollen und nicht die nötigen Nerven haben ... überleg Dir reiflich, ob es Dir das Wert ist!"

Hinter der Entscheidung stehen

Ein anderer Beitrag kam von einer 23-jährigen Jungjägerin, die gerade erst ihren Jagdschein bestanden hatte. Obwohl sie anfangs skeptisch war, ob es unter den Jägern nicht doch viele Vorurteile gibt, wurde sie vom Gegenteil überzeugt. „Alle Jäger, die ich bis jetzt kennengelernt habe, waren sympathisch und überhaupt nicht voreingenommen. Hier und da kam mal ein fragender Blick, ob ich denn als Frau handwerkliche Dinge beherrsche, aber nach Revierarbeiten wie Kanzelbau oder das „einfache" Heckenschneiden, waren sie einfach angetan."

Die junge Jägerin erzählte danach weiter von einem Erlebnis, das sie bei einer Maisjagd in einem Niederwildrevier hatte: „Ich war wie so oft, ob als Jägerin oder früher als Treiberin, die einzige Frau dabei. Wir warteten, ob Kaninchen oder ein Fuchs im Mais waren. Es kam zu einer Situation, in der zwei ältere Jäger damit überfordert waren, ein auf sich zukommendes Kaninchen zu erlegen. Sie wussten einfach nicht, wer schießen sollte. Letzlich war das Stück zwischen ihnen durchgelaufen. Ich reagierte schnell, so dass ich es mit einem Schuss noch erlegen konnte. Staunende Blicke waren da

vorprogrammiert. Wie denn eine Frau so gut treffen kann, und dann erst der Umgang mit der Waffe, so lauteten ihre Worte. Am Ende der Jagd kamen viele Jäger mit lobenden Worten zu mir. Ich war mächtig stolz!"

Die Jägerin unterstrich, dass man hinter der Entscheidung, Jägerin zu werden, stehen und darauf bauen sollte, dass man irgendwann akzeptiert wird. Sie fügte an: „Ich habe es auch so gemacht. Ich meine, dass die meisten angehenden Jägerinnen einfach nur Angst vor einer Bloßstellung haben. Das ist sicher nur sehr selten der Fall! Wenn Dein Herz für die Jagd schlägt, mach Dein Grünes Abitur!"

Vollkommen falscher Ansatz

Eine 54-jährige Jägerin äußerte sich kritisch zu den Beweggründen, aus wirtschaftlicher Sicht einen Jagdschein zu machen. Sie zeigte Verständnis für die Verärgerung, wenn Komorane und Wildschweine Schaden anrichten. Aber sie äußerte auch Bedenken: „Nur aus der Wut heraus und um die Tiere zu töten, die Euch Schaden zufügen, Jägerin zu werden, ist ein vollkommen falscher Ansatz. Es wäre dann auch egal, ob es viele Frauen in Eurer Jägerschaft gäbe. Du würdest so, glaube ich, keine große Akzeptanz finden, weil Du rein aus wirtschaftlichen Gründen jagen würdest."

Die Jägerin versuchte weiter, Lösungsvorschläge zu unterbreiten: „Hast Du nicht die Möglichkeit, den einzigen hilfreichen Jäger zu sensibilisieren, so dass er seine Kollegen aus der Jägerschaft mobilisiert, Euch zu helfen? Kann man nicht alle an einen Tisch bekommen, um Eure Probleme aufzuzeigen und gemeinsam eine Lösung zu finden?"

Als Frau hat man es nicht immer einfach

Eine andere Userin hatte scheinbar bereits schlechte Erfahrungen als Jägerin gemacht. Sie wandte sich mit dieser Frage an andere Forenbesucher: „Mich würde interessieren, wie viele Frauen in Euren Revieren mit auf die Jagd gehen. Ich jage durch die Studentengruppe in verschiedenen Revieren. Aber ich muss feststellen, dass man es als Frau nicht so einfach hat. Wie ist es in Euren Revieren: Kommt Ihr als Frau klar?"

Die Antworten auf diese allegemeinen Fragen waren entsprechende vielfältig. Ein User schrieb dazu: „Manche Jägersfrauen, die ich kenne, sind so richtige Mannsweiber, die scheuen sich vor nichts. Dazu gehört auch eine ganz extreme Schwarzwild-Nachsuchenführerin. Dann kenne ich die Püppchen, die nicht raus wollen, wenn es kalt ist, und in ihrem Leben niemals eine Leiter zusammenbauen oder sonstwelche Aufgaben, die mit der Jagd zu tun haben, machen. Von den Schießfertigkeiten geben sich die Geschlechter wenig. Je nachdem, wie geübt wird. Von den Jägern, die ich persönlich kenne, sind nur fünf Prozent Jägerinnen."

Nichts Negatives, dafür Freude „auch mal ein weibliches Wesen auf einer Drückjagd zu sehen", empfand ein 54 Jahre alter Jäger. Ein zehn Jahre jüngerer User aus Niedersachsen beschrieb seine

Meinung so: „Jede Frau, die sich auf der Jagd bewährt, ist augenblicklich akzeptiert. Hier gibt es zum Glück noch keine verordnete Quote. Ich würde Dir auf der Jagd auch helfen, so wie ich es immer mache. Und wenn ein dummer Spruch kommt, dann solltest Du nicht auf den Mund gefallen sein."

Gute wie schlechte Jäger findet man auf beiden Seiten

Eine der etwas kritscheren beziehungsweise extremeren Antworten kam von einem immerhin laut Angabe 68-jährigen Jäger, der sich dem Thema „Frauen & Jagd" vor allem im Zusammenhang der allgemeinen Geschlechterfrage näherte. In seinem Statement, das ich extra wenig bearbeitet habe, gab er an: „Machen wir uns doch nichts vor! Wer als normal veranlagter Mann nicht gerne – egal wo, wie und wobei – mit weiblichen Wesen zusammen ist, hat in seinem Leben sehr viel falsch gemacht, nur Pech gehabt und/oder die schönsten Dinge des Lebens ganz einfach verpasst. Einen hohen Stellenwert sollte oder müsste das weibliche Geschlecht somit auch auf der Jagd genießen (können). Bestimmte Lodenträger dürften sich nicht nur ganz „cool" von oben herab wundern, dass die meisten Jägerinnen tatsächlich wissen, an welchem Ende ein Geschoss den Lauf verlässt. Das männliche Wesen ist und bleibt sein Leben lang ein Gockel, mit allen nur denkbaren Erscheinungsbildern, Auffassungen, Verhaltensmustern und Selbstüberschätzungen! Nicht wenige von ihnen fühlen sich – oft sehr anmußend – dem „schwachen Geschlecht" gegenüber haushoch überlegen."

„Ich glaube nicht, dass es gut ist, den Jagdschein aus rein wirtschaftlichen Gründen zu machen."
Eine Jägerin, 54 Jahre

Der Weidmann fügte weiterhin an, dass das Verhalten mancher Männer bei der Jagd, nichts mit der Berechtigung und dem Stellenwert allgemein von jagenden Frauen zu tun hätte, „denn prozentual gibt es unter ihnen im Vergleich zu den Männern mit Sicherheit genau so viele Könnerinnen wie schlechte Jägerinnen." Zu seinen eigenen Erfahrungen mit Frauen schrieb der Weidmann: „Ich persönlich jage besonders dann gerne mit Frauen, wenn sie manchen ach so starken, selbstherrlichen und alles könnenden Sprücheklopfern ganz schnell mal zeigen können, wo's lang geht! Von diesen Frauen gibt's mittlerweile immer mehr – schön ist das!"

Niemand muss befürchten, jagdlich ausgestochen zu werden

Eine ältere Jägerin, die 1971 ihre Jagdscheinprüfung zusammen mit ihrem Mann gemacht hatte, beschrieb ihre jagdlichen Anfänge, die laut ihren Ausführungen nicht immer leicht gewesen sind. Nach einer beruflich bedingten Pause sei sie seit einigen Jahren jagdlich nun wieder aktiv. Sie berichtete von dem heutigen Umgang mit den männlichen Jagdkollegen so: „Ich fühle mich von den Jägern, die in dem Revier mit meinem Mann und mir jagen, akzeptiert. Allerdings muss auch niemand befürchten, jagdlich von mir ausgestochen zu

„Insgesamt sind Frauen auf der Jagd eine wirkliche Bereicherung."
Ein Jäger, 49 Jahre

ist: Innerhalb der Kurse zur Vorbereitung auf die Jägerprüfung sind die Damen im Schnitt fleißiger, gründlicher und interessierter an den Inhalten als ihre männlichen Mitstreiter. Kurz: Die Jungs wollen den Schein, die Mädels wollen wissen und verstehen. „Brauchen wir das für die Prüfung?", ist nahezu eine reine Männerfrage. Später – bei der Jagd – verändert sich diese Grundhaltung nicht wirklich. Der prozentuale Anteil der „Zu-Schnell Schießer", „Oberflächlich-Ansprecher" und der „Sicherheit-schon-mal-hintenan-Steller" ist bei den Herren einfach größer."

Ein sehr, wie ich finde, humorvollen Beitrag kam von einem männlichen User, der sich scheinbar ein Revier mit drei Frauen teilt. Er beschrieb diesen Umstand als Glück und unterstrich den Vorteil dieser Konstellation mit einem Augenzwinkern: „Immer netten Anblick. Und wenn mal ein Stück totgetrunken wird, hat man immer einen, der noch fahren kann. Auch die jagdlichen Einrichtungen sind besser ausgestattet, zum Beispiel sind die Sauenkanzeln alle mit Heizung ..." Seiner Meinung nach jagen Frauen in Bezug auf die Hege selektiver: „Sie interessieren sich überhaupt nicht für Trophäen. Wenn aber ein schwaches Stück kommt, fliegt die Kugel." Als Nachteil nannte er Folgendes: „Wenn alle zusammen rausgehen wird so viel gegackert, dass nichts mehr in Anblick kommt."

werden. Ich stelle nicht heraus, dass ich eine Frau bin, und jeglichen Ansätze zu „Balzverhalten" setze ich gleich einen Dämpfer auf. Ich mache klar, dass ich Gleiche unter Gleichen bin, auch wenn es an die Arbeit geht. Zur Emanze tauge ich ohnehin nicht."

Ein 49-jähriger Jäger bezog in seine Gedanken zum Thema „Frauen & Jagd" auch den Unterschied zwischen jagenden Frauen und Männer ein: „Meine Feststellung als Mitwirkender in der Jungjägerausbildung unserer Kreisjägerschaft

Dazu fügte er allerdings an: „Das war jetzt bisschen plakativ und überrissen, aber treffend. Insgesamt sind aber Frauen auf der Jagd eine wirkliche Bereicherung."

Text: Katrin Burkhardt, Fotos: Peter Burkhardt

144

Praxistipp: Ausrüstung, die immer dabei ist

Ich persönlich gehe nicht gerne im Winter jagen. Warum? Weil ich einfach zu viel mitschleppen muss: Allein schon die warme Winterkleidung mit dicker Jacke, Handschuhen, Mütze, „schweren" Winterstiefeln. Dazu der Ansitzsack, mitunter noch eine zweite Decke, das Sitzkissen – da lob ich mir die Sommerjagden.

Aber es gibt eine gewisse Grundausrüstung, die ich zu jeder Jahreszeit zum Ansitz mitnehme. Diese Dinge kann ich in allen Taschen meiner Jagdjacke verstauen, ohne, dass sie viel Platz in Anspruch nehmen. Dazu gehören:

- Personalausweis, Jagdschein, WBK
- Verbandpäckchen und Pflaster
- Tapeband
- Einmalhandschuhe
- Multitool
- Mini-Taschenlampe,
- 50 cm Trassierband
- Taschentücher
- Gehörschutz (Ohropax)
- Patronenetui

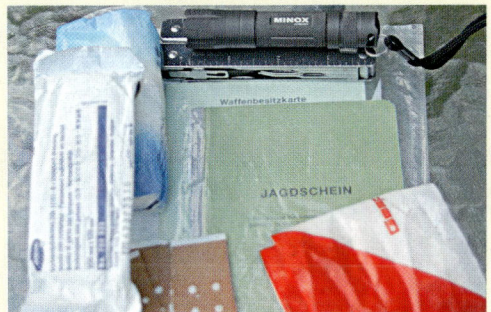

Ohne jedes einzelne Stück meines ganz persönlichen „Immer-dabei-Paketes" langatmig durchzusprechen, nur so viel:

Tapeband kann notdürftig Vorderschäfte befestigen, Druckverbände unterstützen, Büchsenläufe gegen Schnee sichern, Kleidung fixieren, kaputte Schnürsenkel ersetzen, Brillen zusammenhalten und selbst Hundeschnauzen kurzfristig verschließen, wenn von Sauen geschlagene Vierbeiner nicht wissen, dass das Anlegen eines Verbandes gerade gut gemeint ist.

Mit Trassierband habe ich schon diverse Anschüsse gekennzeichnet, es wurde als Ersatzhutband an Mitjäger verschenkt, Jagdhunde, die ihre Halsung verloren hatten, habe ich mitten in der Drückjagd wieder „bunt" gemacht – und im Falle einer Notsituation habe ich der Besatzung eines Rettungswagen den richtigen Waldweg ausgeflaggt. Trassierbänder wiegen nichts, tragen nicht auf und sind kostengünstig. Fazit: Bei mir immer dabei!

Taschentücher weisen den Rückwechsel auf dem Pirschpfad, reinigen die Optik, die Hände, die Kleidung – und irgendwann werden auch Sie während der Jagd ganz plötzlich vom Hochsitz „müssen, müssen"...

Foto: Peter Burkhardt

Gibt es einen Unterschied beim Schießen zwischen Frauen und Männern?

Auch beutelos glücklich

Gerücht oder Fakt: Jagen Frauen anders als Männer?

Ist es nur ein hartnäckiges Gerücht, dass Jägerinnen beim Schießen ein anderes Verhalten zeigen als die jagende Männerwelt – oder stimmt es tatsächlich? Fakt ist zumindest, dass es kaum eine männliche Jägerrunde gibt, in der nicht lange und ausführlich über die Vor- und Nachteile verschiedener Kalibergrößen und Munitionsarten gesprochen wird. Fakt ist auch, dass Männer lieber eine Jagdwaffe mehr im Schrank stehen haben. Beides kommt bei jagenden Frauen so gut wie nie vor. Und Jägerinnen lassen auch häufiger den Finger gerade als jagende Männer. Woran liegt das? Ich habe mich auf die Pirsch für Gründe begeben.

In meinem jagdlichen Umfeld kommt es häufig vor, dass wir gemeinschaftlich ansitzen. Mal treffen wir uns in diesem, mal in jenem Revier. Wenn ich irgendwo eingeladen bin, halte ich mich – auch bei Freunden – in der Regel jagdlich zurück. Da überlege ich mir sehr genau, ob ich schieße. Warum? Weil ich alles richtig machen und keine Nachsuche produzieren will. Meine „Familien-Männer" verhalten sich anders. Sie schießen, wenn sich die Chance dazu ergibt. Ich wurde zu Hause ab und zu schon gefragt, warum ich überhaupt woanders jagen gehe, wenn ich doch den Finger gerade lasse. Meine Antwort lautet dann: „Es geht ja nicht darum, dass ich etwas schieße, sondern auch um die Geselligkeit."

Genauso geht es mir auf Drückjagden. Das jagdliche Geschehen ist mir dabei häufig viel zu schnell und unübersichtlich. Ein Schuss ist mir dann zu unsicher, weil ich es nicht ertragen könnte, ein

Stück krank zu schießen. Meine Männer wollen das natürlich auch nicht. Dennoch gehen sie gerne zu solchen Jagden. Sie sind entschlussfreudiger – vielleicht auch risikobereiter.

Ich habe in vielen Gesprächen mit Jägerinnen immer wieder die gleiche Antwort bekommen, wenn es um das Schießen ging: „Für mich muss die Situation stabil sein, ich will beim Schuss ein gutes Gefühl haben. Mir reicht manchmal auch das Hätte-haben-Können." Jagende Frauen beobachten gerne, ohne schießen zu müssen – und geben das unumwunden zu. Liegt das an den weiblichen Hormonen, dem Mutterinstinkt – oder sind Frauen zu weich zum Jagen?

Eine Erklärungsmöglichkeit ist vielleicht das Konkurrenzdenken, das unter Männern stärker ausgeprägt ist. Da läuft es häufig nach dem Motto ab: „Mein Auto, meine Waffe, mein Hirsch." Je größer das erlegte Stück Wild beziehungsweise die Trophäe, umso besser ist der Jäger. Häufig wird dieses Verhalten gar nicht bewusst ausgeführt. Es spielt sich aufgrund der Gruppendynamik und dem (männlichen) Konkurrenzdruck ganz selbstständig ab. Glaubt man Wissenschaftlern, können Männer nicht anders. Noch heute schlummert in ihnen das Urzeit-Gen, das in bestimmten Situationen zum Vorschein kommt: Der Steinzeitmann musste Stärke beweisen, denn nur dann war er für die Familienplanung begehrt. Die Rechnung war einfach: Starker Mann = gute Gene – und diese wollten die Frauen für ihre Nachkommen haben (s. auch S. 8). Auf die heutige Jagd übertragen bedeutet es: Stärke, das heißt die Erlegung eines großes Beutetieres, ist gleichzusetzen mit Erfolg, Macht und hohem Ansehen – und davon kann „Mann" nie genug haben. Frauen sind diese Attribute eher unwichtig. Deswegen können sie – ohne Gesichtsver-lust – das eine oder andere Mal auf eine Erlegung verzichten. Ihnen ist auch der viel zitierte Jagdneid fremd. Sie jagen eher nach dem Motto: „gönne könne".

Dietmar Heubrock, Professor für Rechtspsychologie an der Universität Bremen, bestätigt in der Zeitschrift „Jäger – Zeitschrift für das Jagdrevier", dass Jagdneid bei Frauen weitgehend unbekannt ist, weil sie nicht unter dem Druck des „Sich-Beweisen-müssen" stehen: „Frauen waren früher nicht für das Jagen zuständig, sie waren Nutznießer, haben lediglich die stärksten Männer herausgesucht. Frauen können daher immer herzlich Weidmannsheil wünschen." (Jäger-Ausgabe 6/2012, S. 37)

Hormone heißt das Zauberwort

Das unterschiedliche Geltungsbedürfnis könnte also ein Motiv dafür sein, warum Männer sich eher zu einem Schuss entschließen als Frauen. Aber das kann noch nicht alles sein. Richtig, denn es gibt Vorgänge in unserem Körper, die wir nicht steuern können: Hormone heißt das Zauberwort – und die sind nun einmal geschlechterspezifisch.

Wie das funktioniert, erklärte Dr. phil. Günter Kühnle von der Universität Trier – Anthropologe, Hirnforscher und Jäger – in einem Interview mit Redakteurin Ilka Dorn in der Zeitschrift „HALALI":
„Biologisch beeinflusst werden Mann und Frau von Hormonen: Botenstoffe, die für das reibungslose Funktionieren des menschlichen Körpers zuständig sind und dort zwischen Umwelt, Gehirn und Nerven vermitteln. Für die Ausprägung und Stärke des Jagdtriebs ist nicht unwesentlich die Ausschüttung des als typisch männlich geltenden Hormons Testosteron verantwortlich. Zwar produziert nicht nur der männliche Organismus Testosteron, sondern auch der weibliche; die Konzentration und die Wirkung des Botenstoffs unterscheiden sich bei Mann und Frau allerdings beträchtlich. Außerdem können Faktoren wie zum Beispiel Aggressionen oder Wettbewerbssituationen den jeweiligen Hormonspiegel von außen beeinflussen, kurzfristig erhöhen und so die Triebstärke steuern."
(HALALI-Ausgabe 03/2012, S. 44ff).

Wie so vieles im Leben ist das aber nicht die einzige Erklärung, warum viele Jägerinnen zum Beispiel den ruhigen Ansitz einer hektischen Drückjagd vorziehen. Dr. Kühnle äußert in dem Artikel:

„Die menschliche Motivation zur Handlung beziehungsweise zur Unterlassung ist durch einen ganzen Komplex von Motiven gesteuert, bei dem das jeweils stärkste Motiv zur Ausführung kommt: Einmal das Macht-, ein anderes Mal das Lust- oder Aggressionsmotiv, das dritte Mal ein vollständig anders gelagerter Beweggrund. Es ist unwahrscheinlich, dass eine Jägerin, die dieselbe Situation zehnmal durchläuft, auch zehnmal auf den Schuss verzichten würde."

Studie erforscht Motivation zur Jagd

Es ist also bis hierher festzuhalten, dass bei der Jagd das unterschiedliche Schussverhalten bei Frauen und Männern eine Kombination aus Hormonausschüttung und dem Zusammenspiel unterschiedlicher Motive ist. Die Suche geht weiter: Die Universität Bremen führte kürzlich eine Studie zur Psychologie der Jagd durch. Die Forscher untersuchten unter anderem die Motivation heutiger Jägerinnen beziehungsweise Jäger. Dafür befragten sie über 600 jagende Frauen und Männer. Sie fanden heraus: Jägerinnen sind die ambitionierteren Hegerinnen und lehnen die Trophäenjagd deutlich ab.

Insgesamt kommen die Forscher zu folgendem Ergebnis: Der „typische deutsche Jäger" jagt, weil er die Hauptmotive wie folgt gewichtet (35% der Gesamtstichprobe):
1. Die Jagd als soziale Anerkennung
2. Die Jagd zur notwendigen Hege

3. Die Jagd als Gegensatz zum Alltag
4. Die Jagd als Wildbretgewinnung

„Somit stehen der soziale Stellenwert der Jagd, Naturerleben und Hegegesichtspunkte im Vordergrund der Jäger. Die Lust am Töten und die reine Trophäenjagd wird nicht, wie nach Erkenntnissen der Forschungsgruppe in der Allgemeinbevölkerung angenommen, am stärksten betont. Der reine Trophäenjäger oder „Töter", der das öffentliche Jägerbild am deutlichsten zu prägen scheint, kommt in der Realität nur selten vor" , heißt das Fazit der Forscher. Weitere Ergebnisse der Studie gibt es im Internet unter www.psychologiederjagd.uni-bremen.de.

Ein potenzielles Reh macht Jägerinnen glücklich

Es ist also kein Gerücht, dass es beim jagdlichen Schussverhalten einen geschlechterspezifischen Unterschied gibt. Weniger wissenschaftlich könnte man es so zusammenfassen: Viele jagende Frauen sind auch beutelos glücklich. Sie genießen in erster Linie das Beobachten sowie das reine Naturerleben. Sie sind auch mit potenzieller Beute zufrieden.

Das ist auch mein Eindruck von den Jägerinnen, die an diesem Buch beteiligt sind. Wobei es natürlich sowohl Jäger als auch Jägerinnen gibt, die die Ausnahme jeder Regel sind und sich gegenteilig verhalten. Und das ist auch gut so, denn eines wollen wir Jagenden wohl alle nicht: irgendwelche Klischees erfüllen.

Text : Katrin Burkhardt
Fotos: Katrin und Peter Burkhardt

Die beiden erfahrenen Weidmänner halfen der jungen Jägerin mit Tipps und Ratschlägen beim Aufbrechen ihrer ersten Sau.

Foto: Peter Burkhardt

Was Jäger denken ...

Von Katrin Burkhardt, freie Journalistin

Es ist immer interessant, sich anzuhören, was andere denken – gerade zu Themen, bei denen nicht immer alle einer Meinung sind. Das Thema „Frauen & Jagd" gehört mit Sicherheit in diese Kategorie. Daher habe ich unter mir bekannten jagenden Männern in verschiedenen Altersklassen und mit unterschiedlichen Jahresjagdscheinen eine Mini-Umfrage gestartet, was sie von jagenden Frauen halten. Lesen Sie hier ihre Statements.

Es ist nicht zu übersehen, dass der Anteil von weiblichen Jägern in der Jägerschaft ständig größer wird. Und das ist auch gut so.

Die Jägerinnen, die ich in meinem Jägerleben bisher getroffen habe beziehungsweise jagdlich erleben konnte, standen ihren männlichen Jagdkollegen im Regel-fall weder in der Passion noch in den jagdlich handwerklichen Fähigkeiten nach. Zudem führten die Damen oftmals einen recht brauchbaren Jagdhund. Das ist bei vielen männlichen Jägern nicht immer so. Außerdem beschäftigen sie sich offenbar auch nach dem Erwerb des Jagdscheines weiterhin sehr intensiv mit dem Thema „Jagd". Dazu kann ich aus meiner Erfahrung als Beispiel das aktive Jagdhornblasen, die Jagdhundausbildung oder die Perfektionierung der jagdlichen Schießfertigkeiten nennen.

Für das Thema „Jagd in Deutschland" und die ständigen kontroversen Diskussionen um die Jagd halte ich es ebenso für wichtig, die überregionale Lobbyarbeit sowie die Aufklärung insbesondere im persönlichen Umfeld um den „weiblichen Aspekt" zu erweitern und wegzukommen von der bisherigen öffentlichen Wahrnehmung, die Jagd wäre eine rein männlichen Domäne.

Gleichwohl halte ich die steigende Anzahl von Jägerinnen für wichtig, um die fortschreitende Überalterung der Jägerschaft, die man sehr schön auf den Hegeringversammlungen beobachten kann, auch auf diesem Wege zu vermindern.

Insgesamt begrüße ich die Zunahme von Jägerinnen in der Jägerschaft, auch wenn die eine oder andere Ehefrau/Lebenspartnerin der männlichen Jäger diese Meinung vielleicht aus sehr persönlichen Überlegungen anders sehen könnte.

Michael Alpers, Unternehmensberater, 58 Jahre alt, 32 Jahre Jäger

Ich bin beim Thema Frauen und Jagd eigentlich sehr emotionslos. Ich erlebe solche und solche, genau wie bei Männern. Am meisten beeindrucken mich Frauen – aber eben auch Männer – wenn sie ihr Handwerk verstehen und kompetent sind oder aber lernwillig auf dem Weg dahin sind und nicht mit ihrem Frausein kokettieren.

Über das Handwerkliche hinaus, gibt es ja auch den emotionalen Fakto. Da ist meine Erfahrung, dass viele Frauen (aber eben nicht alle) eine freundlichere, nicht so von Konkurrenz und Ehrgeiz geprägte Stimmung in eine Jagdgesellschaft bringen, wie es häufig in reinen Männerrunden der Fall ist. Also so nach dem Motto: Ich bin was mein Hirsch ist, je mehr Macht, desto größer das Geweih.

Ich empfinde es nach wie vor als ungewöhnlich – aber nicht im negativen Sinne –, weil seltener vorkommend, wenn Frauen an einer Jagd teilnehmen. Und ich erwische mich dabei, dass ich irgendwie genauer hinschaue, ob mir das Auftreten der Frau „normal jagdlich" vorkommt, was mir am meisten entspricht, oder speziell weiblich.

Wenn ich darüber nachgedacht habe oder nach der Jagd resümiere, stelle ich meistens fest, dass sie fast alle in die normale Verhaltensamplitude eines Menschen passen und dass es andererseits genug Männer bei der Jagd gibt, die meinen Erwartungen überhaupt nicht entsprechen und die meines Erachtens lieber zu Hause bleiben sollten.

Einen weiteren Aspekt finde ich interessant, wenn auch wenig relevant für unser heutiges Handeln, nämlich die Frage, ob alte Instinkte beziehungsweise geschlechterspezifische Hormone aus unserer Zeit als Jäger und Sammler das Verhalten von Frauen und Männern heute noch beeinflussen. Das Thema „Beute machen" und Trophäen sammeln, sich nach erfolgreicher Jagd ans Feuer zu setzen, in selbiges zu schauen und alle „Gefahren" noch mal durchzusprechen, ist meines Erachtens mehr ein Männer- als ein Frauenthema.

Auch der Zusammenhang zwischen Testosteronspiegel und Reviergröße, also der Anspruch ein möglichst großes Territorium zu beherrschen und von Konkurrenten freizuhalten, Grenzen zu sichern, Übertretungen zu ahnden, könnte auf archaische Urreflexe zurückgehen. Und da haben sich die Frauen sicherlich zurückhaltender verhalten. Vielleicht ist das auch eine Erklärung für den heute noch geringen Frauenanteil unter den Jägern.

Fazit: Es kommt ganz darauf an, welche Frau ich vor mir habe. Sie sind alle einmalig – und das ist auch gut so! So individuell wie sie sind, so versuche ich mich auch auf sie einzustellen und sie letztendlich einzuschätzen.

Ulrich von Mirbach, Förster, 51 Jahre alt, 35 Jahre Jäger

In den vergangenen 42 (Jagdschein-)Jahren habe ich auch jagdliche Emanzipation erlebt – wobei sich wohl eher die Männer von althergebrachten, ablehnenden Denkmustern verabschiedet haben. Gab es früher doch Jagden oder Stammtische, an denen die weiblichen „Langhaarigen" verpönt waren. Da traf es besonders jagdliche Hardliner unter den Jägerinnen-Gegnern, wenn die eigenen Töchter, Schwiegertöchter oder – schlimmer noch – Ehefrauen (!) das jagdliche Handwerk erlernten. Und dies häufig nicht einmal, um dem männlichen Geschlecht bei der Jagd zu konkurrieren, sondern nicht selten vor allem deshalb, um zu verstehen, zu erleben und mitreden zu können. Viele der „Dianen" haben trotz der erworbenen Berechtigung nicht aktiv gejagt, aber doch passiv und wissend teilgehabt, einen Hund geführt oder Jagdhorn geblasen. So sind die Damen gar nicht mit lautem Getöse zur Jägerei gestoßen, sondern sie haben einfach an vielen der jägdlichen Aktivitäten partizipiert und/oder übten diese mit großem Engagement aus – und sie haben sich so ihre Akzeptanz erworben. Ich habe in der ganzen Zeit keine Jägerinnen erlebt, die nicht das Wild aufbrechen oder beim Bergen helfen wollten – im Vergleich zur männlichen Sippe.

Hans-Henning Schulze, Allgemeinmediziner, 57 Jahre alt, 42 Jahre Jäger

Ich gehe gerne mit Frauen zur Jagd, weil sie oft (jagdlich) nicht so voreingenommen sind. Auch wenn es hier Ausnahmen gibt, ist der Umgang häufig lockerer, irgendwie moderner und praktischer. Man kann sich gut austauschen – auch mal einen Spaß machen, ohne sich große Sorgen zu machen, dabei in eins der zahlreichen tief verwurzelten jagdromantischen, weidmännischen Fettnäpfchen zu treten.

Timo Hilgers, Kaufmann für Versicherungen und Finanzen, 24 Jahre alt, 7 Jahre Jäger

Meiner Meinung nach jagen zunächst einmal Frauen in der Regel vorsichtiger und verantwortungsvoller als Männer. Nach meiner Erfahrung als Kreisjägermeister und Mitglied der Prüfungskommission nehmen Frauen die Jägerprüfung ernster. Bei rund zehn Prüfungen, die ich im Laufe eines Jahres abnehme, schneiden die zehn Prozent der Frauen, die regelmäßig teilnehmen, fast immer auf den ersten Plätzen ab. Ich habe auch festgestellt, dass Frauen strenger und konsequenter bei der Hundeausbildung sind. Die jagenden Damen, die ich kennengelernt habe, haben an sich selbst einen hohen Anspruch, höher als manche Männer. Viele Jägerinnen sind aber auch ehrgeiziger. Allerdings habe ich auch festgestellt, dass jagende Frauen nicht so viel Sitzfleisch haben (zum Beispiel meine Frau) – und sie frieren schneller.

Gebhard Schüssler, Landwirt, Kreisjägermeister, 59 Jahre, 41 Jahre Jäger

Frauen als Jagdgäste habe ich während meines Dienstes selten geführt, jedoch meine heutige Frau über einen langen Zeitraum jagdlich intensiv erlebt. Es gibt in der Tat gravierende Unterschiede zwischen den Geschlechtern. Frauen jagen allgemein umsichtiger und vorsichtiger. Das Ansprechen erfolgt intensiver und vielleicht auch verantwortungsvoller. Vor Abgabe des Schusses müssen die „Rahmenbedingungen" grundsätzlich stimmen. Die Trophäenstärke spielt eine untergeordnete Rolle und somit auch der Jagdneid bei Erfolg. Meine beiden letzten weiblichen Jagdgäste schossen hervorragend, wobei meine „Hamburger Jägerin" fast ausschließlich den Pirschstock mit großem Erfolg einsetzte. Das hätte mancher männliche Jagdgast, den ich im Laufe der Jahre geführt habe, so nicht hinbekommen.

Große Unterschiede ergeben sich vor allem in der Frage der jagdlichen Ausrüstung. Für Frauen ist es unerheblich, welche Waffe oder Marke geführt wird, welches Fernglas und Messer eingesetzt wird. Wenn das Equipment gefunden und mit Erfolg eingesetzt wurde, besteht in aller Regel kein „Erneuerungsbedarf". Der Hang zu einer weiteren neuen Waffe, zu einem anderen Fernglas oder Zielfernrohr ist bei Männern wesentlich ausgeprägter, oftmals fast krankhaft. Es ist nicht die Waffe zum Jagen, sondern ein ganzes Waffenarsenal, was den Jäger „ausmacht". Der jagdliche Erfolg ist glücklicherweise jedoch nicht von der Anzahl der Jagdwaffen abhängig, was in manchen Fällen allerdings nur schwer vermittelbar ist.

Wenn es objektiv darum geht, bei einer Frau einen Nachteil im direkten Vergleich zu benennen, ist es die eingeschränkte körperliche Belastung. ZUm Beispiel ist das Bergen von Hochwild aus der Dickung, dem Bestand oder der Senke abseits befestigter Wege, ohne Hilfe nicht möglich. Da aber auch ganze Männergenerationen in solchen Fällen gescheitert sind, ist ohnehin Hilfe das Gebot der Stunde. Dennoch würde ich hier Vorteile bei jagenden Männern sehen (ich habe mich hier mit meiner Frau verglichen).

Also, es gibt keinen Grund, dem weiblichen Geschlecht einreden zu wollen, dass die Jagd eine typische Männerdomäne sei. Im Gegenteil, Jägerinnen müssen keinen Vergleich scheuen. Sie sollten aber schon qualifizierter sein als der Durchschnittsjäger, um jagdlich akzeptiert zu sein (gilt auch für andere Lebensbereiche).

Frauen jagen in der Regel aus Passion und Freude an der Natur, weniger aus Prestige und gesellschaftlicher Anerkennung. Letzteres ist eine typische Männerbastion, die leider oft zu exessiven jagdlichen Verhaltensformen führt. Mir ist in meiner langen Dienstzeit (45 Jahre) kein Fall bekannt, wo eine Jägerin der Anlass für eine „jagdliche Sauerei" war. Wenn es darum geht, das Verhalten von Jägern und Jägerinnen nach ethischen Gesichtspunkten zu beurteilen, sind große Unterschiede festzustellen, die ich zum Teil schon benannt habe, jedoch keinesfalls erschöpfend aufgezeigt sind.

Fritz Koops, pensionierter Bundesförster (45 Dienstjahre), 68 Jahre, 52 Jahre Jäger

154

Meiner Erfahrung nach gibt es zwei äußerst unterschiedliche Arten von Jägerinnen. Einerseits die Extremistinnen: Komplett übermotivierte, in ihrer Verbissenheit fast alle Männer in den Schatten stellende Frauen, mit denen das Jagen nur bedingt Freude macht. Andererseits die Behutsamen: Sehr vorsichtige und bewusste Jägerinnen, die eventuell verhältnismäßig wenig Strecke machen, dafür aber so gut wie immer „richtig" entscheiden. Glücklicherweise sind Letztere deutlich in der Überzahl, so dass das Jagen mit Frauen fast ausnahmslos Freude bereitet.

Jonas Burkhardt, Student, 23 Jahre alt, 7 Jahre Jäger

Im Laufe meines fast 40-jährigen Jägerlebens habe ich bei jagenden Frauen und Männern die unterschiedlichsten Charaktere kennengelernt. Mit meinen Erlebnissen ließen sich ganze Bücher füllen.

Ich habe unabhängig vom Geschlecht immer vor denjenigen besonderen Respekt, die das Jagdrevier nicht als Kulisse gesellschaftlicher Präsentation sehen, sondern das Weidwerk mit Passion und handwerklichem Geschick ausführen. Ich bin überzeugt davon, dass die Zukunft der Jagd in Deutschland davon abhängt, mit welcher handwerklichen Qualität sie ausgeführt wird. Hier sind Frauen und Männer gleichermaßen gefordert.

Michael Urbansky, Polizeibeamter, Hegering- und Hochwildringleiter, 55 Jahre alt, 39 Jahre Jäger

Frauen können, Damen sollten zur Jagd gehen. Was haben wir Männer davon? Vor allem weniger Diskussionen über Kaliber und Patronen. Und wenn es nur dafür wäre, wäre das schon in sich ausreichend. Dazu kommen entspannte Gespräche nach der Jagd. Nicht nur über jagdliche Themen.

Und mal ganz ehrlich: Wenn neben den Herren, die seit 1871 in den gleichen Klamotten jagen, die außer vom Regen noch nie gewaschen wurden, in der Korona eine oder besser mehrere fesche und gleichwohl jagdbegeisterte Damen stehen, dann empfinde ich das als Bereiche-rung. Die Jagd ist eben mehr als nur die Zeit auf dem Hochsitz. Dazu gehören auch die Gemeinschaft und das Teilen von Erlebnissen. Und je bunter die Runde, mit denen ich meine Jagderlebnisse teilen kann, umso besser.

Philipp Jörss, Geschäftsführer, 36 Jahre, 6 Jahre Jäger

Sammelplatz ...

uf den letzten Seiten möchte ich Ihnen, liebe Leserinnen und Leser, noch ein paar besondere Fundstücke zeigen. Sie passen meiner Meinung nach wunderbar zum Thema „Frauen, Jäger und Jagd" und sie sollten mit einem Augenzwinkern betrachtet werden. Die Abbildungen stammen aus dem Frankonia-Jagdkatalog „Der Ratgeber für den Jäger" von 1959 und aus dem Buch „Der Prüfungsbehelf" des Landesjagdverbandes Wien aus dem Jahr 1969.

So gingen Frauen in den späten 50er Jahren zur Jagd: Der Jagdmantel „Gabi" (oben) ist: „Ein idealer Damen-Jagdmantel wie er sein muss: zünftig im Aussehen, bequem und zweckmäßig." Während das Kostüm „Petra" (rechts) beschrieben wird mit: „Original-Tiroler Kamelhaarloden mit Schurwolle in feiner Diagonalmusterung ist das Material für dieses korrekt, aber doch flott erscheinende Modell."

Abbildungen: © Frankonia

156

JAGDGERECHTE BEKLEIDUNG

»Jagdgerecht« heißt jagdlich-zweckmäßig. Das beginnt bei der Farbe und hört auf beim Schnitt und bei all den kleinen Raffinessen, die aber für die Jagdausübung sehr wichtig sein können. Der Jäger braucht wettergerechte Kleidung, die auch bei Hitze und Kälte, bei Wind und Regen die Jagd angenehm macht. Er muß sich gut bewegen können, vor allem bei einem schnell hingeworfenen Schuß, also muß alles bequem, weit und füllig geschnitten sein. Trotzdem darf ein Kleidungsstück nicht »dranhängen«. Es muß sitzen und gut aussehen. Das erreicht man durch allerhand kleine Kniffe, die sich aus der Jagdpraxis ergeben und die der Hersteller kennen muß. Über allem stehen natürlich die Strapazierfähigkeit, die Auswahl und Prüfung der verwendeten Garne, Stoffe und Leder-qualitäten.

Mit den Damen wollen wir anfangen
denn sie möchten jagdlich-schmuck und adrett gekleidet sein, ob sie nun selbst jagen oder uns nur begleiten und uns den Hüttenaufenthalt angenehm und bequem machen.

Ein flottes Hütchen
wie Sie es auf oben- und nebenstehendem Bild sehen, ist aus weichem, grünmeliertem oder schwarzem Stichelhaar mit kleinem Rand und hat eine hübsche Wollkordelgarnitur. Es kostet nur 24,— DM. Das Federchen dazu 2,50 DM (siehe auch Farbseiten).

Sie finden das Damenjagdhütchen auch auf den Farbseiten 38 u. 110.

Die Damen-Jagdbluse ▶
aus festgezwirntem, feinfädigem Mako-Popeline hat eine schöne waldgrüne Farbe, lange Ärmel, Kragen und Manschetten sind mehrfach abgesteppt.
Best.-Nr. 6620
Preis 24,85 DM

Damen-Jagdhalbschuh
Best.-Nr. 6920
aus rehbraunem, geschmeidigem Waterproofleder, zwiegenäht, ganz mit Kalbleder gefüttert, mit elastischer Sägezahn-profilsohle, die bergauf wie bergab gleich griffig ist. **Preis 54,— DM**

Damen-Jagdstrumpf
Best.-Nr. 6650
lang, aus reiner jagdgrüner Wolle.
Preis 8,50 DM

Links: Auf der Startseite der „Jagdgerechten Bekleidung" heißt es im zweiten Absatz: „Mit den Damen wollen wir anfangen, denn sie möchten jagdlich-schmuck und adrett gekleidet sein, ob sie nun selbst jagen oder uns nur begleiten und uns den Hüttenaufenthalt angenehm und bequem machen."

Darunter wird „Ein flottes Hütchen ... mit Federchen" beworben.

Abbildungen: © Frankonia

Oben: Die Bildunterschrift im Katalog lautet: „So leicht ist die automatische Franchi-Flinte, kein Wunder, sie ist ja auch die leichteste der Welt." Scheinbar war die Flinte nahezu schwerelos, denn während er die Hand in der Hosentasche behalten konnte, reichte sie ihm die Flinte hängend an nur einem Finger.

Nur bei der Wahl ihrer Jagdwaffe kennen sie keinen Spaß. Die zuverlässigen VOERE-Waffen stehen bei den Berufsjägern hoch im Kurs. Es gibt keine bessere Empfehlung für den jungen Jäger

Links: Die Rückseite des Buchs „Der Jagdprüfungsbehelf" aus dem Jahr 1969 ziert diese Werbung eines Tiroler Jagdwaffenfabrikanten. Unten steht: „Nur bei der Wahl ihrer Jagdwaffe kennen sie keinen Spaß. ... Es gibt keine besser Empfehlung für den jungen Jäger."

Übrigens pflegte bereits Hermann Löns diesen Brauch: Eine Jungfrau, die über den Gewehrlauf springt, sollte dem Jäger Glück und Erfolg beim Weidwerk bringen – ob es geholfen hat?

Jagdliches Brauchtum

○ **Worin findet das jagdliche Brauchtum seinen Ausdruck?**

Das jagdliche Brauchtum ist ein wesentlicher Teil der weidgerechten Jagdausübung. Die zunftgerechten Bräuche finden in der Kleidung, in der Sprache und im Handeln des Jägers ihren Ausdruck.

○ **Wie soll sich ein rechter Jäger kleiden?**

Die Kleidung des Jägers soll zweckmäßig, unauffällig und der jagdlich bodenständigen Tracht entsprechend beschaffen sein. Grüner und grauer Loden sind seit alters her beliebt. Die besondere Betonung der jagdlichen Note in Form diverser Spangen, Knöpfe und Abzeichen sowie eines überladenen Hutschmuckes kann übertrieben werden und wirkt dann geckenhaft.

○ **Wie entstand die Weidmannssprache?**

Die Weidmannssprache ist eine aus der vielgestaltigen Sprachform unserer Geschichte entsprungene Zunftsprache, deren Ausdrücke und Benennungen nicht erfunden, sondern über viele Jägergenerationen überliefert wurden.

Rechts: Ebenfalls im „Jagdprüfungsbehelf" ist in dem Kapitel „Jagdliches Brauchtum" zu der Frage „Wie soll sich ein rechter Jäger kleiden?" unter anderem zu lesen: „Die besondere Betonung der jagdlichen Note in Form diverser Spangen, Knöpfe und Abzeichen sowie des überladenen Hutschmucks kann übertrieben werden und wirkt dann geckenhaft."

○ **Wie pflegt man die Weidmannssprache?**

Jeder weidgerechte Jäger soll Ausdrucksweise und Anwendung der weidmännischen Bezeichnungen so gut beherrschen, daß deren Gebrauch sich harmonisch in die normalen Satzformen einfügt und keineswegs eine gekünstelte und verschrobene Redensart daraus wird.

○ **In welchen Handlungen ist der Jägerbrauch verankert?**

Das jagdliche Brauchtum ist vor allem in der Form des Umganges mit erbeutetem Wild verankert, wobei ursprünglich kultische Handlungen in der Form überliefert sind, daß im Geschöpf dem Schöpfer die Ehre erwiesen wird.

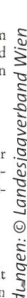

158

○ **Erste Hilfe bei Verbrennungen.**

Es kommt hiebei zur Rötung (I. Grad), Blasenbildung (II. Grad) und Verkohlung (III. Grad) der Haut, eventuell der Gewebe auch unter der Haut: Keimfreier Verband! Blasen nicht aufstechen! Schockgefahr! Angeklebte Kleidungsstücke nicht abreißen! (Umschneiden!) Von einer Brandstelle flüchtende Personen, deren Kleider brennen, unbedingt aufhalten, um ein Anfachen der brennenden Kleidung (infolge des Laufens) zu verhindern!

○ **Erste Hilfe bei Erfrierungen.**

Auch bei Erfrierungen gibt es mehrere Grade: I. Grad: Vorerst Blässe, später Rötung der Haut. II. Grad: Blasenbildung, zumindest tiefrot violette Färbung der Haut. III. Grad: Absterben der Haut, die erfrorene Körpergegend wird weiß und glashart und kann abbrechen (Ohrläppchen, Nasenspitze, Finger, Zehen usw.).

Feuchte Kleidung entfernen; trockenes Abreiben der erfrorenen Körperstelle (nicht mit Schnee), Bewegen der Gliedmaße durch Schwenken der Arme, Bewegen der Zehen usw., keimfreier lockerer Verband! Auftauen der erfrorenen Körpergegend in warmem Wasser oder durch allmähliche Näherung an den Ofen!

○ **Gibt es eine Unterkühlung des ganzen Körpers (Erfrieren)!**

Ja; diese führt bald zum Tode, wenn der Gesamtzustand schlecht ist (hohes Alter, Übermüdung, Alkoholmißbrauch usw.).

○ **Wie erkennt man die drohende Unterkühlung!**

Am erhöhten Schlafbedürfnis (Gähnen, Taumeln beim nahmslosigkeit). Erste Hilfe: Den Betreffenden nicht e sen! (Anschreien, schütteln, zum Weitergehen verani erwärmen, heiße Getränke einflößen, keinen Alkohol Schockgefahr! Mit warmen Tüchern abreiben, erfo Atemspende und Herzmassage! Bewußtlosen nichts einfl

○ **Stromunfälle und Erste Hilfe.**

Es kann hiebei zu Verbrennungen an der Haut, aber a stillstand kommen, der Tod ist die spätere Folge. Häuf unfalle nur scheintot, daher in jedem Fall sofort (na der Stromquelle oder Entfernung des Verunfallten au

und Bisswunden gibt es zahlreiche Tipps und Hilfestellungen für Unfälle und Verletzungen aller Art. Sogar die Frage: „Was ist der Unterschied zwischen Bewusstlosigkeit und Scheintod?" wird behandelt. Als Hinweis dazu steht dort unter anderem: „ ... mit der Wiederbelebung eines Scheintoten muss sobald wie möglich begonnen werden!"

Auf dieser Seite: War die Jagd vor über vierzig Jahren so viel gefährlicher als heute? Oder liegt es daran, dass das Buch „Der Jagdprüfungsbehelf" eher für die österreichische Gebirgsjagd gedacht war? Im letzten Kapitel finden sich zumindest ganze zehn Seiten zum Thema „Erste Hilfe bei der Jagd". Von Schock, über Hitzeschlag, Bergung und Transport bis hin zur Versorgung von Knochbrüchen

kreis) Wiederbelebung (Atemspende und Herzmassage). Bei Hochspannungsleitungen (gekennzeichnet durch Tafeln mit rotem Blitzpfeil) Erste Hilfe erst dann leisten, wenn der Strom verläßlich abgeschaltet ist.

○ **Vergiftungen und Erste Hilfe.**

Vergiftungen sind möglich durch verdorbene Nahrungsmittel, Pilze, Pflanzen oder zu viel Alkohol. Hiebei tritt Schwindel, Erbrechen, Durchfall usw. auf. Das Gift ist durch Erbrechenlassen aus dem Körper zu entfernen. Arzthilfe alsbald veranlassen!

○ **Erste Hilfe beim Verlegen der Luftwege durch Fremdkörper.**

Es kommt hiebei zu Hustenreiz und Erstickungsanfällen.

Kinder an den Füßen hochheben, Erwachsene so lagern, daß der Oberkörper lotrecht herabhängt, und mit gespreizten Fingern kräftig (!) zwischen die Schulterblätter klopfen, damit der Fremdkörper herausgeprellt wird. Erst wenn hiedurch kein Erfolg, den Fremdkörper mit den Fingern aus dem Rachen herausholen. Beim Scheintoten Fremdkörper sofort händisch entfernen und unverzüglich Wiederbelebung (Atemspende und Herzmassage).

○ **Erste Hilfe beim Ertrinken.**

So bald wie möglich, schon im seichten Wasser, Beginn der Mund-zu-Mund-Beatmung (Atemspende)! An Land angelangt, Ertrunkenen rasch in Bauchlage bringen, am Becken hochheben und schütteln. Sodann Atemspende und Herzmassage in Rückenlage bei stärkstmöglich zurückgebeugtem Kopf!

○ **Hitzschlag.**

Es kommt bei schwülem Wetter und unzweckmäßiger Kleidung zur Hitzestauung im Körper (Hühnerjagd!). Hiebei gerötetes Gesicht, Taumeln beim Gehen und während der Schußabgabe! Ohnmacht und Scheintod nicht ausgeschlossen. Erste Hilfe: An schattigen, kühlen Ort bringen, Kleider lockern, soweit wie notwendig entkleiden, kühle Umschläge auf den Körper, kalte Luft zufächeln. Bewußtlosen nichts einflößen! Wenn der Betreffende (wieder) ansprechbar, mit kaltem Wasser laben! Kein Alkohol! Bei Atemstillstand Wiederbelebung! Arzthilfe holen!

Auf ein Wort ...

D ie Jagd aus weiblicher Sicht in Buchform – das ist eine Premiere, bei der ich mit Spannung abwarte, wie sie beim Publikum, also bei Ihnen, ankommt. Das Besondere an diesem Buch sind die authentischen Geschichten meiner Mitautorinnen. Wir sind alle passionierte Jägerinnen – mit den unterschiedlichsten Hintergründen und Ansichten. Unsere Gemeinsamkeit liegt in der Liebe zur Natur und zu unserem Wild sowie der Freude an der Jagd. Die einzelnen Beiträge zeigen, wie Frauen heute jagen. In diesen und den anderen Artikeln rund um die Jagd findet sich Vieles, das zum Nachdenken anregt, und auch für die eigene Jagdpraxis nützlich ist.

Ich bin überzeugt, dass nicht nur Jägerinnen das Buch als interessante und unterhaltsame Lektüre empfinden, sondern auch die Neugier der jagenden Männer geweckt wird.

Ich persönlich tausche mich gerne konstruktiv über Jagd, Wild und Wald aus. Daher würde es mich sehr freuen, wenn Sie mir, liebe Leserinnen und Leser, Ihre Meinung zu diesem Buch mitteilen würden. Schreiben Sie mir unter der E-Mail-Adresse: Jaegerin-Buch@web.de (von Fotozusendungen bitte ich aufgrund der Datenmengen allerdings abzusehen). Wenn es eine Fortsetzung dieses Buches geben sollte, nehme ich Ihre Anregungen gerne auf.

Für mich war es eine Freude, an diesem Buch zu arbeiten. Ich hoffe, jede(r), der es liest, empfindet das gleiche.

Allen Leserinnen und Lesern wünsche ich stets einen spannenden Anblick, die Ruhe zum Naturgenuss und weiterhin schöne Erlebnisse, wo immer Sie jagen.

Ihre

Katrin Burkhardt

Foto: Peter Burkhardt

160